非物质文化遗产丛书

Intangible Cultural Heritage Series

盛锡福皮帽

李睦 李金善 编著

北京市文学艺术界联合会 组织编写

北京出版集团

北京美术摄影出版社

图书在版编目（CIP）数据

盛锡福皮帽 / 李睦，李金善编著 ；北京市文学艺术界联合会组织编写. — 北京 ：北京美术摄影出版社，2021.10
（非物质文化遗产丛书）
ISBN 978-7-5592-0430-1

Ⅰ. ①盛… Ⅱ. ①李… ②李… ③北… Ⅲ. ①毛皮加工—介绍 Ⅳ. ①TS55

中国版本图书馆CIP数据核字（2021）第160191号

非物质文化遗产丛书
盛锡福皮帽
SHENGXIFU PIMAO

李　睦　李金善　编著

北京市文学艺术界联合会　组织编写

出　版　北京出版集团
　　　　北京美术摄影出版社
地　址　北京北三环中路6号
邮　编　100120
网　址　www.bph.com.cn
总发行　北京出版集团
发　行　京版北美（北京）文化艺术传媒有限公司
经　销　新华书店
印　刷　天津图文方嘉印刷有限公司
版印次　2021年10月第1版第1次印刷
开　本　787毫米×1092毫米　1/16
印　张　13
字　数　187千字
书　号　ISBN 978-7-5592-0430-1
定　价　68.00元
如有印装质量问题，由本社负责调换
质量监督电话　010-58572393

编委会

组织编写

北京市文学艺术界联合会

北京民间文艺家协会

序

PREFACE

赵　书

2005年，国务院向各省、自治区、直辖市人民政府，国务院各部委、各直属机构发出了《关于加强文化遗产保护的通知》，第一次提出“文化遗产包括物质文化遗产和非物质文化遗产”的概念，明确指出：“非物质文化遗产是指各种以非物质形态存在的与群众生活密切相关、世代相承的传统文化表现形式，包括口头传统、传统表演艺术、民俗活动和礼仪与节庆、有关自然界和宇宙的民间传统知识和实践、传统手工艺技能等，以及与上述传统文化表现形式相关的文化空间。”在“保护为主、抢救第一、合理利用、传承发展”方针的指导下，在市委、市政府的领导下，非物质文化遗产保护工作得到健康、有序的发展，名录体系逐步完善，传承人保护逐步加强，宣传展示不断强化，保护手段丰富多样，取得了显著成绩。第十一届全国人民代表大会常务委员会第十九次会议通过《中华人民共和国非物质文化遗产法》。第三条中规定“国家对非物质文化遗产采取认定、记录、建档等措施予以保存，对体现中华民族优秀传统文化，具有历史、文学、艺术、科学价值的非物质文化遗产采取传承、传播等措施予以保护”。为此，在市委宣传部、组织部的大力支持下，北京市于2010年开始组织编辑出版“非物质文化遗产丛书”。丛书的作者为非物质文化遗产项目传承人以及各文化单位、科研机构、大专院校对本专业有深厚造诣的著名专家、学者。这套丛书的出版赢得了良好的社会反响，其编写具有三个特点：

第一，内容真实可靠。非物质文化遗产代表作的第一要素就是项目内容的原真性。非物质文化遗产具有历史价值、文化价值、精神价值、科学价值、审美价值、和谐价值、教育价值、经济价值等多方面的价值。之所以有这么高、这么多方面的价值，都源于项目内容的真实。这些项目蕴含着我们中华民族传统文化的最深根源，保留着形成民族文化身份的原生状态以及思维方式、心理结构与审美观念等。非遗项目是从事非物质文化遗产保护事业的基层工作者，通过走乡串户实地考察获得第一手材料，并对这些田野调查来的资料进行登记造册，为全市非物质文化遗产分布情况建立档案。在此基础上，各区、县非物质文化遗产保护部门进行代表作资格的初步审定，首先由申报单位填写申报表并提供音像和相关实物佐证资料，然后经专家团科学认定，鉴别真伪，充分论证，以无记名投票方式确定向各级政府推荐的名单。各级政府召开由各相关部门组成的联席会议对推荐名单进行审批，然后进行网上公示，无不同意见后方能列入县、区、市以至国家级保护名录的非物质文化遗产代表作。丛书中各本专著所记述的内容真实可靠，较完整地反映了这些项目的产生、发展、当前生存情况，因此有极高历史认识价值。

第二，论证有理有据。非物质文化遗产代表作要有一定的学术价值，主要有三大标准：一是历史认识价值。非物质文化遗产是一定历史时期人类社会活动的产物，列入市级保护名录的项目基本上要有百年传承历史，通过这些项目我们可以具体而生动地感受到历史真实情况，是历史文化的真实存在。二是文化艺术价值。非物质文化遗产中所表现出来的审美意识和艺术创造性，反映着国家和民族的文化艺术传统和历史，体现了北京市历代人民独特的创造力，是各族人民的智慧结晶和宝贵的精神财富。三是科学技术价值。任何非物质文化遗产都是人们在当时所掌握的技术条件下创造出来的，直接反映着文物创造者认识自然、利用自然的程度，反映着当时的科学技术与生产力的发展水平。丛书通过作者有一定学术高度的论述，使读者深刻感受到非物质文化遗产所体现出来的价值更多的是一种现存性，对体现本民族、群体的文化特征具有真实的、承续的意义。

第三，图文并茂，通俗易懂，知识性与艺术性并重。丛书的作者均是非物质文化遗产传承人或某一领域中的权威、知名专家及一线工作者，他们撰写的书第一是要让本专业的人有收获；第二是要让非本专业的人看得懂，因为非物质文化遗产保护工作是国民经济和社会发展的重要组成内容，是公众事业。文艺是民族精神的火烛，非物质文化遗产保护工作是文化大发展、大繁荣的基础工程，越是在大发展、大变动的时代，越要坚守我们共同的精神家园，维护我们的民族文化基因，不能忘了回家的路。为了提高广大群众对非物质文化遗产保护工作重要性的认识，这套丛书对各个非遗项目在文化上的独特性、技能上的高超性、发展中的传承性、传播中的流变性、功能上的实用性、形式上的综合性、心理上的民族性、审美上的地域性进行了学术方面的分析，也注重艺术描写。这套丛书既保证了在理论上的高度、学术分析上的深度，同时也充分考虑到广大读者的愉悦性。丛书对非遗项目代表人物的传奇人生，各位传承人在继承先辈遗产时所做出的努力进行了记述，增加了丛书的艺术欣赏价值。非物质文化遗产保护人民性很强，专业性也很强，要达到在发展中保护，在保护中发展的目的，还要取决于全社会文化觉悟的提高，取决于广大人民群众对非物质文化遗产保护重要性的认识。

编写“非物质文化遗产丛书”的目的，就是为了让广大人民了解中华民族的非物质文化遗产，热爱中华民族的非物质文化遗产，增强全社会的文化遗产保护、传承意识，激发我们的文化创新精神。同时，对于把中华文明推向世界，向全世界展示中华优秀文化和促进中外文化交流均具有积极的推动作用。希望本套图书能得到广大读者的喜爱。

2012年2月27日

序

PREFACE

石振怀

《盛锡福皮帽》一书即将付梓，可喜可贺！谨向项目保护单位北京盛锡福帽业有限责任公司，向该项目代表性传承人李金善、马启斌等师傅，也向该书的执笔李睦老师表示诚挚的祝贺！

将非物质文化遗产项目“盛锡福皮帽制作技艺”编辑成一本正式出版物，应当是该项技艺在历史上的第一次，其意义非同一般。今后，《盛锡福皮帽》一书将作为一份珍贵的史料留存在中华民族传统技艺的历史上。我想，这也应该是北京文联组织编写这套北京“非物质文化遗产”丛书的目的和意义所在。

“盛锡福皮帽制作技艺”是2008年第二批国家级非物质文化遗产名录入选项目，是珍贵的北京老字号非物质文化遗产资源。作为当年主持北京市项目申报工作的亲历者，我了解该项目完成申报的全过程，也对该项目凝结着很深的感情。这也是我应本书作者之邀，为本书撰写序言的初衷和本意。

“盛锡福”始创于清宣统三年（1911年），原为山东掖县刘锡三与他人合资在天津估衣街开办的一个小帽店，当时字号为“盛聚福”。民国六年（1917年），店主将店址迁至天津法租界 21号，并将字号“盛聚福”改为“盛锡福”。民国八年（1919年），斥巨资购置机器，设厂自产自销，盛锡福主打的皮帽在天津打开销路，生意日渐兴隆。民国二十五年至二十七年（1936—1938年），盛锡福将生意做到了北京，先后在王府井等处开办了4家分店。至20世纪40年代，盛锡福已先后在南京、北京等地设立分店达20多处，还在欧美多个国家及非洲等地设立了代销处。

中华人民共和国成立后的1956年，王府井盛锡福帽店参加了公私合营，还在周恩来总理的建议和关怀下，建立了与帽店销售相匹配的规模化的盛锡福制帽工厂。店址设在王府井大街196号，面积218平方米；厂址设在东四五条368号，面积1151.4平方米。“前店后厂”一直是盛锡福帽店承袭的经营模式。20世纪50年代起，盛锡福开始承担为国家领导人和外国来宾制作帽子的任务。在此期间，盛锡福制帽工厂皮帽制作技术力量雄厚，当时的制帽师傅李文耕凭着家传制帽手艺（其祖上为皮帽裁制工匠，曾为清朝统治者缝制过貂皮大褂，并因此得到御赐黄马褂和御笔亲书牌匾），为盛锡福皮帽制作技艺的传承做出了重要贡献。

20世纪70年代，李文耕、贾宝珍等老师傅培养了李金善、施法钰、马启斌等多名传承人。其中李金善掌握多种男帽、女帽的制作技能，曾为故宫修复光绪皇帝受损的皮质龙袍；马启斌掌握皮帽、便帽、花帽等帽类的制作技能，曾设计制作了多种与流行服装相匹配的新款帽子，受到广泛赞誉。

2000年，盛锡福改制为国有控股企业，时有职工102人。2002年后，盛锡福先后设计制作出青年2号、青年休闲帽、羊皮六瓣护耳棒球帽、牛皮青年帽、牛皮马仔帽、羊皮休闲前进帽等70多种新款帽子，在市场上畅销；2006年盛锡福帽店销售额一度达到1019万元；

至2010年，盛锡福克服厂房结构狭小、年轻传人不足等困难，不断创新皮帽生产工艺，培养了一批新一代盛锡福皮帽制作技艺的传人。

盛锡福皮帽采用传统手工制作方法，其毛皮原料多选用狐狸皮、水貂皮、旱獭皮、兔皮、黄狼皮、羊皮、狸子皮、海龙皮等，且对毛质、皮板有严格的质量要求。其加工制作主要经皮毛裁制、制作帽胎两道大工序，在大工序中又含多道小工序，整个皮帽制作过程多达几十道工序。皮毛裁制为第一道大工序，包括挑皮、选料配活、吹风皮张、平皮（定皮）、裁制、缝合（缝制）、整修等多道工序，而整修工序又包括找补、顺水、顺色、压板、欠板、缉板、顺毛等。皮毛裁制阶段需用多种裁刀，包括顶刀、人字刀、月牙刀、梯字刀、斜刀、弧形刀、直刀、鱼鳞刀等。制作帽胎是第二道大工序，其工艺流程是：先将缝制好的帽胎套在木质盔头上刷浆，定型后放进烤箱烘干，再用熨斗把帽胎烫至金黄色成为熟胎，之后再次刷浆蒙面进烤箱烘烤。这两道大工序完成后，还需经过纳里、合里、缉皮面、包口、绱扇、攃胎、串口等多道后续工序才能制作完成。盛锡福制帽的相关工序规定了严格的缝头尺寸和针距，其中重点工序由有经验的、手工娴熟的师傅承担。

作为项目保护单位的北京盛锡福帽业有限责任公司，为该项目的保护工作做出了重要贡献。申报之初，时任盛锡福董事长兼总经理李家琪对申报工作给予了高度重视，使项目申报及后来的保护工作都取得了显著的成效。作为19岁学徒、盛锡福公私合营后的第五代掌门人，他为盛锡福的发展倾注了很多心血。自2007年“盛锡福皮帽制作技艺”入选北京市级名录后，2008年6月起即在东四北大街厂址内筹建盛锡福“中国帽文化博物馆”，并于2010年6月正式开馆。

该博物馆以“追溯中华冠帽历史文明，继承传统冠帽制作技艺，发展冠帽文化”为宗旨，主要分为盛锡福发展历史、古代冠帽、民族帽、皮帽制作工作室等展厅，展示了汉代皇帝的御冕、清代帝后的东朝冠以及20世纪20年代盛锡福为孙中山制作的海龙皮帽（复制）、50年代为周恩来总理制作的毛哔叽圆顶帽（复制）等实物，记述了百年盛锡福创业、传承与发展的历史及我国近代帽文化的发展轨迹。盛锡福继任负责人曹文仲也是一位盛锡福的“老人”，已在盛锡福工作36年之久。他在皇城根下长大，曾陆续担任过售货员、管理员、小组长、工会主席到董事长。为了盛锡福的发展，他也是倾尽心力。此次为了完成丛书的编写，他在其间做了协调、沟通、联系等诸多繁杂的工作，做出了重要贡献。如今盛锡福不仅拥有王府井门店（保留前店后厂格局），并且建立了制帽基地和经营合作网络。

《盛锡福皮帽》一书作者李睦是本书执笔人，他本是北京市总工会下属《劳动午报》的记者。怀着对保护非物质文化遗产的社会责任感，他主动加入非物质文化遗产丛书撰写团队，帮助传承人整理非遗资料，撰写非遗丛书，不厌其烦地深入企业做好调研工作，使历史上缺乏资料记录整理的非遗项目得以编著成书，作为珍贵史料得以留存。作为本丛书的具体组织者之一，我对李睦老师以及其他多位从事丛书编写的老师表示衷心的感谢！

是为序。

2020年12月13日

作者为北京文化艺术活动中心研究馆员、北京民间文艺家协会副主席，长期从事非物质文化遗产保护方面的工作。

序

PREFACE

刘一达

小的时候，很长时间琢磨不透“盛锡福”这三个字是什么意思。

记得有一年冬天，我妈带我到表舅家串门儿。表舅四五十岁，在电影发行公司上班，是个小头儿，工资挣得不低。

他戴着一顶羊剪绒的皮帽子，非常讲究。我出于好奇，在他把帽子摘下来挂在衣帽架上的时候，顺手拿下来看了看，发现帽子里面有“盛锡福”的商标。

“盛锡福是什么意思呀？”我纳着闷儿问道。

“你哪儿懂这个呀？”表舅看了我一眼，似乎对一个7岁的小屁孩儿提出的问题不屑于回答。

他倒是在意那顶帽子，生怕一不留神我把它弄坏了，赶紧从我的手上夺了过去。这件事让我至今难忘。

难怪我表舅对那顶羊剪绒的皮帽这么上心。因为那会儿人们的生活水平不高，整个北京城能戴得起羊剪绒帽子的人并不多。

“盛锡福”的商标是什么意思呢？这个问题着实困扰我好几年。

我起小儿就爱琢磨北京老字号的寓意，小小年纪破解过许多老字号的含义，但“盛锡福”这个字号的寓意，直到我参加工作以后才弄明白。

在工厂学徒的时候，有个师傅在穿戴上讲究追时髦，用现在的话说就是时尚。他上下班，无冬历夏总戴着一顶鸭舌帽。那帽子是礼服呢的，做工非常讲究。

有一天，这位师傅换工装的时候，鸭舌帽掉地上了，正好我在旁边，随手把帽子捡起来。在拿帽子的瞬间，我发现帽子的里衬缝着“盛锡福”的商标。敢情这鸭舌帽是“盛锡福”的产品。

我赶紧问这位师傅，为什么喜欢“盛锡福”的帽子？他告诉我，老北京的帽子品牌很多，但讲究流行，讲究时髦，就得说王府井的“盛锡福”。那会儿，“盛锡福”的帽子可不好买。我问他：“你是怎么买到这么可心的帽子的？”问到这儿，他脸上流露出得意之色，告诉我他有一个叔伯兄弟是“盛锡福”的业务员，俩人走得比较近，时不时地一块儿喝两口儿。

原来如此，难怪他跟“盛锡福”这么有缘。既然他认识“盛锡福”的人，想必知道“盛锡福”三个字的寓意。我把埋藏在心里十多年，一直没解开的谜抛给了他。

他嘿嘿一笑告诉我：盛是盛事、兴盛、茂盛之意，当然这是吉利词。锡，是“盛锡福”字号的创办人刘锡三的名字中的字；福，是刘锡三的小名儿。

敢情是这么回事！我听了顿开茅塞。

说来我跟“盛锡福”还是有缘。20世纪90年代我在《北京晚报》主持“京味报道”专版时，对京城老字号进行了系列采访报道，专门采写过“盛锡福”，我记得在《北京晚报》上登了整整一版。

印象最深的是，刘锡三1911年在天津创办“盛锡福”帽店以后，一直在扩大再生产，一心想把买卖做大，而且哪个城市大，哪儿有竞争力，他就把买卖做到哪儿。

开业10年后，“盛锡福”就在南京、上海、北京、沈阳、青岛等地开了20多家分店。

“盛锡福”是1936年到北京落脚的，两年多的时间，先后在王府井、西单、前门、沙滩开了四家店。您瞧这四家店开的地方，都是京城最热闹的地界。

四家店开起来，怎么能让北京人知道“盛锡福”这个字号呢？北京的地面上，一个字号要想深入人心，家喻户晓，没有几十年的工夫办不到。况且老北京人穿戴上讲究“头戴马聚源”，谁认“盛锡福”呢？

我记得当时“盛锡福”公司的经理给我讲了一个故事：“盛锡福”为了让北京人知道这三个字，印了许多牛皮纸的口袋。这种口袋类似我们现在买菜用的塑料袋或再生布袋。然后经理让店里的伙计上街散发，白送给北京市民。

这种广而告之的效果，比当时花钱在电台做广告还好。由于散发了大量的“盛锡福”纸袋，“盛锡福”三个字逐渐被北京市民所认知。

当然北京市民不糊涂，他们认的不是纸口袋，而是帽子本身的质量。“盛锡福”的帽子确实做工精细，讲究品质，不怕费工费事，精益求精，一丝不苟。在工艺上也有自己的绝活儿，这是他们在京城创出牌子的主要原因。“盛锡福”以制作圆顶礼帽、皮帽、礼帽、金丝草帽著称，尤其是私人定做帽子，在京城有一号。

刘锡三创办“盛锡福”帽店到现在，已经一百多年了。

一百多年的老字号，经历了多少风风雨雨，能够至今不衰，而且在改革开放的历史新时期，老树发新枝，根深叶茂，创造出新的辉煌，除了他们受到党和政府的关怀和支持以外，还得说他们做帽子有绝活儿。

早在20多年前，我在采访“盛锡福”时，就曾想如果有人趁老师傅还在，把这些技艺整理出来，传之后人，将是多么功德无量的一件事。可惜那会儿我手头写作的活儿太多，一时腾不出手来。想不到20年后，我的这个夙愿让李睦和李金善二位实现了。

这本《盛锡福皮帽》，十分详细地介绍了“盛锡福”的历史发展过程，对“盛锡福”皮帽的制作工艺做了非常系统的描述。这本书，既可以当一般的知识读物，又可以做技校的教材，可谓一书多用。

李睦是我的学生。他虽然年轻，但在写作上严肃认真。他和另外一个作者除了采访了多位“盛锡福”的老师傅外，还查阅了大量的服饰方面的史料和与制帽有关的资料。从这本书的成稿来看，他们为此付出了大量心血。

在这本书付梓之前，看了这本书的完成稿后有感而发，写下这些文字，且以作贺。

以上是为序。

2020年12月6日

北京如一斋

前言

FOREWORD

中国自古便被誉为“衣冠大国”，素有黄帝“垂衣裳而天下治”的美谈，皮帽文化可谓源远流长。皮帽制作技艺在《考工记》这部中国最古老的制作工艺书籍中占有重要篇幅。书中将皮匠称为“攻皮之工”，还把具有高超制作技艺的工匠谓之“国工”，而将“百工之事”提高到“皆圣人之作也”的高度。

创始于1911年的“盛锡福”是享誉国内外的中华老字号。历经百年风雨，用品质和信誉树立起中国帽业的金字招牌，成为近代以来有口皆碑的制帽专家。

北京作为中国手工皮帽的重要市场和技术人才聚集地之一，深受盛锡福帽庄的重视。从20世纪30年代到北京开设分号始，盛锡福就不断加深与北京当地皮毛行业的联系，博采众长，最终形成了别具一格的盛锡福皮帽制作技艺。2008年，盛锡福皮帽制作技艺被列入第二批国家非物质文化遗产名录。

盛锡福从国内皮草加工行业翘楚中聘请的一代代高级技师，采用国内外优秀的制帽技术，对传统工艺不断进行改良和提升，形成了自己独特的工艺和质量体系。盛锡福皮帽外形端雅大方，做工考究精致，戴着轻软舒适，民国时期就备受推崇，“头顶盛锡福”成为高品质生活的象征之一。中华人民共和国成立后，盛锡福皮帽更是深受海内外消费者的青睐。盛锡福技师多次为国家领导人制帽，盛锡福皮帽还曾被选作馈赠国际友人的礼品。

从清末至今，这家专做帽子的老字号已经走过百余年历程，经历了时间的考验，也将传统皮帽制作技艺完整地传承下来。本书用历史发展的眼光，对以盛锡福皮帽制作技艺为代表的中国传统帽文化、中国皮毛加工技艺、盛锡福百年发展史、传统皮帽制作环节等内容进行了梳理，也记录下六代盛锡福皮帽制作技艺传承人的奋斗与思考，探讨非遗活态传承与路径创新，是深入贯彻落实习近平总书记关于弘扬中国优秀传统文化的指示精神，讲好新时代中国故事的一次尝试。

目录

CONTENTS

第一章

中国首服文化与皮帽发展

中国人讲究“衣食住行”，“衣”排第一。《春秋左传正义》中也有“中国有礼仪之大，故称夏；有服章之美，谓之华。华、夏一也”的说法。中国先民通过将服饰元素与社会生活、礼法民俗等进行关联，构建出天人合一、协调均衡的服饰文明，体现了华夏民族的浪漫情怀和充满智慧的想象力。

◎ 山西永乐宫三清殿“朝元图”壁画（局部）◎

“首服”，即广义上的“帽”，也可称之为“头衣”或者“元服”等，泛指包裹头部的服饰。中国古代首服有冠、帽、巾、帻、笠、胄等种类。其中，冠类之特征标志为系缨贯笄，多用于礼服，为修饰仪表、标志官职之用；帽类首服特征标志为扣戴遮覆，多用于公服和便服，为御寒之用；巾类之特征标志为扎束韬发，多用于公服和便服，为敛发之用。

与中国先民身上的其他服饰一样，首服除了帮助人体适应多样气候外，更随着社会的发展、制造工艺的提高、时代审美的变化被赋予了“知礼仪、别尊卑、正名分”等文化功能。

在这一过程中，皮毛作为人类应用时间最早的一种服用材料，发挥了不可替代的作用。《后汉书・志・舆服》有记载，“上古穴居而野处，衣毛而冒皮”。经过漫长的人类进化和社会发展，人们在劳动生活中逐步掌握并不断提高利用野兽皮毛的技巧和方法，进而创造了各种各样的皮草制品，花样繁多的皮帽也成为中国民族服饰重要的组成部分，在中国首服发展史的浩荡洪流中飞溅起朵朵绚烂的浪花。

第一节 中国首服文化概说

一、适天而生的首服衣饰

服装是社会生活的重要反映，不同的生存环境往往构成所在地区人们独特的服饰习俗，也决定着服饰的使用价值，中国古代服饰也概莫能外。墨子《节用上》：“其为衣裘何以为？冬以圉寒，夏以圉暑。凡为衣裳之道，冬加温、夏加清者，芊芊；不加者，去之。”意思说人们制造衣服是为冬以御寒，夏以防暑。而缝制衣服的原则，则是冬能增暖者、夏能助凉者，就增益它，不能者，就去掉它。可以说，服饰的起源与发展都是基于人类认识自然、改造自然的过程，从某种意义上讲，气候、环境、宗教信仰、风土人情、社会制度等自然、社会条件的影响，都在客观上推动了服饰的发展。

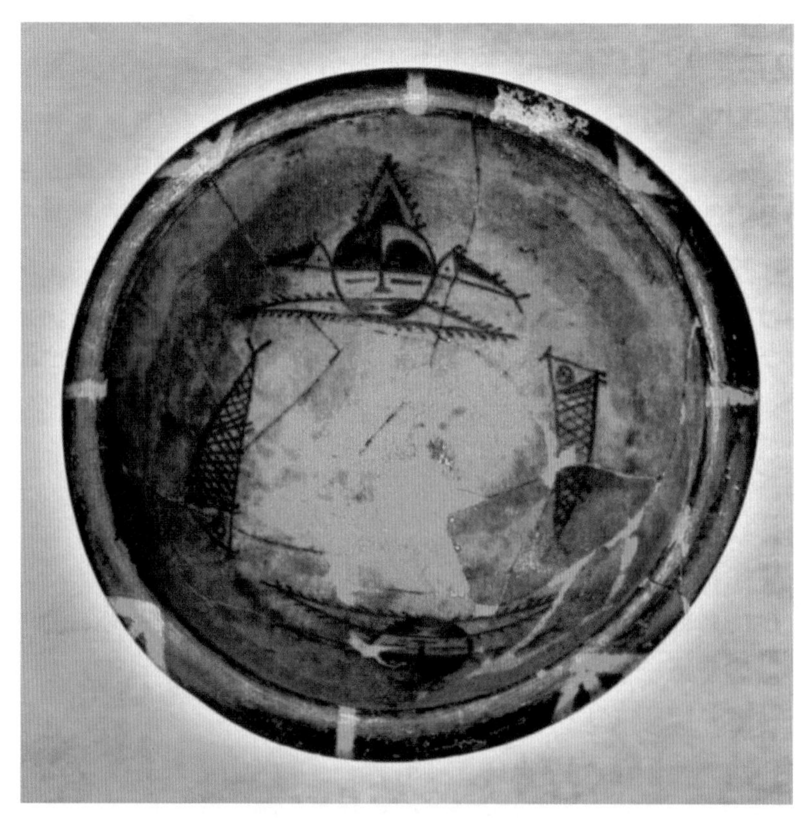

◎ 陕西西安半坡出土的人面鱼纹彩陶盆 ◎

比如皮帽，开始都是为了防御严寒而制作和穿戴的。“裘温裹我足，帽暖覆我头”，唐代诗人白居易的诗句表明了帽子的实际用途在御寒。尤其是在北方，没有御寒的皮衣和皮帽，是难以度过严冬的。在生产力提高以后，人们开始制作粗糙的皮衣穿着御寒，同时开始制作御寒的皮帽了。皮帽是极好的御寒工具，最初人们只是把野兽头皮戴在头上，头顶不冷了，但耳、脸仍裸露在外。经过改进，在头皮下部接上一圈10～15厘米的毛皮做帽耳，把耳朵和两腮也遮挡起来，并在头顶部分的里侧也镶上薄毛皮，这样也就使皮帽造型更加完整，保暖性能也更加优良。

我国很早就开始制帽、用帽。陕西临潼邓家庄出土的新石器时代仰韶文化中期戴着圆帽的陶俑，把我国帽子出现的历史提前到了距今6000年前。随县曾侯乙墓出土的乐器上则有头戴高冠的人的图案。新疆塔里木盆地南缘地区的扎滚鲁克古墓群里发现过公元前10世纪的高尖帽，新疆楼兰孔雀河北岸古墓沟也出土过毡帽。

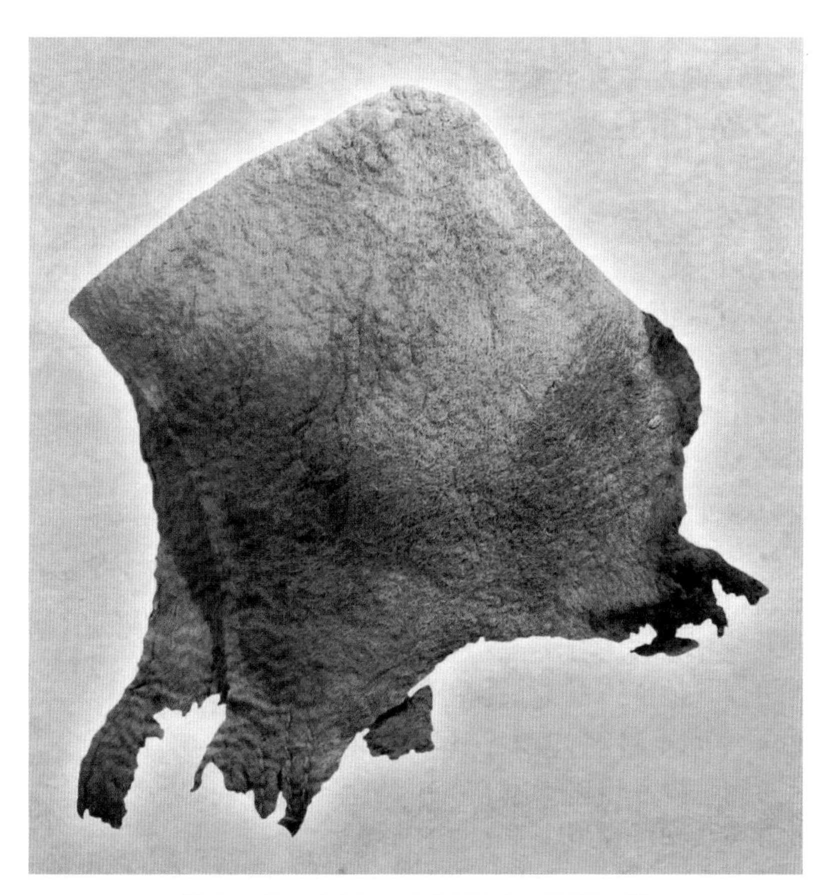

◎ 新疆楼兰孔雀河北岸古墓沟出土的毡帽 ◎

面对严酷的自然环境和落后的生产力，早期先民不仅要“靠天吃饭”，更得“靠天”才能穿衣戴帽。清代田雯在《黔书》中称苗族“少年缚楮皮于额，婚乃去之”。楮皮，即一种树皮布。中国东北部的鄂伦春人同样采取剥树皮做树皮衣的办法，不过是换成了桦树。裁衣服留下来的边角料可以用来做帽子。高山族、藏族以藤编制帽子，打仗时可作为防身服饰。可见，服饰的产生是人类在自然界生存中采取的一种适应策略，自然环境因素对早期先民制作衣物的影响尤为明显，先民们制帽的选材也大都从身边最易获取的动植物入手。

二、源远流长的首服文化

无论是东方还是西方，任何一个历史时代的服饰规制与风尚的形成，均是特定时期人类社会生活内在需求的外化产物，受到整个社会政治、宗教、思想、经济、文化等多种深层次要素的影响与制约。

（一）夏商周时期

至夏商时期，国人的头饰伴随着夏商王朝对“衣服不贰”的强调，逐渐形成一套“非其人不得服其服”的服饰“礼”制。古代礼书中讲的玄冠、缁布冠、皮弁、爵弁、冠卷、頍、巾帻等7种冠式，大体均能追溯到这一时期。

这一时期的首服主要有冠、冕、弁、胄、巾、帔、笠等。其中，冠、冕、弁为当时帝王及贵族所佩戴。《物原》记载：“周公始制天子衣冕，四时各以其色。”周代，仅冠样就有獬豸冠、鸡冠、鹖冠、高山冠、远游冠、巨冠、缁布冠、皮冠、高冠等款式。冠是社会身份的标志，蕴含着深厚的礼仪内涵。《左传·哀公十五年》记载：“子路曰:‘君子死，冠不免。’”即作为君子，就是死了也要把帽子戴好。

当时普通百姓的日常首服大多为巾、帻等。《说文》云：“发有巾曰帻。”古代蓄长发，庶民发髻上裹以巾、帻，兼用于劳动时擦汗。巾与帻是物同而名异，为青色或黑色的葛布制，所以也称百姓为“黔首”。由于帻有压头发定冠的作用，后来贵族也戴帻，帻上再加冠。而“胄”，为武官专用。“笠”，是竹、草编织的功能性雨帽。

随着生产力水平的提高和物质资料的丰富，中国古代冠帽文化发展至商代已初步形成。殷墟妇好墓出土的圆雕跽坐玉人的头部已有非常精致的箍形束发首服。在该帽箍上还饰有一个“八”字纹布帛质地的横筒卷饰。

◎ 殷墟妇好墓出土的戴箍冠圆雕玉人 ◎

值得一提的是，自周代开始，贵族男女成年之后有冠、笄之礼。“加冠礼”仪式必须在宗庙举行，冠礼由父亲主持，并由指定的贵宾为行加冠礼的青年加冠三次，主持者分三次将“缁布冠”“皮弁”“爵弁”三种冠加戴于青年头上，后者穿上相应配套服装，分别代表拥有治人、为国效力、参加祭祀的权力。“加冠”后的男子才算完成了“成人礼”，并起用正式的名字，从此正式踏入社会。

（二）秦汉时期

秦汉时期在服饰领域，政府颁布了各种法令，将此前列国各异的服饰标准逐渐归于一统。服装生产技术水平比以往有了较大的提高，丝绸之路将域外的原料织物和服饰元素带入中土，为此后中华服饰的演变提供了新的素材。

《晋书·舆服志》记载，秦始皇灭六国后，将六国国君所戴冠式赐给近臣，以显示其凌驾六国之上的至尊地位。通天冠为秦始皇“乘舆所常服”。西汉时，刘氏冠地位显赫。《汉书·高帝纪上》载刘邦为秦亭长时，“以竹皮为冠”，“时时冠之，及贵常冠”。汉高帝八年（公元前199年）刘邦下诏：“爵非公乘以上毋得冠刘氏冠”。此诏一下，刘氏冠便成为身份的象征。

此外，据《西京杂记》记载，汉成帝刘骜册立皇后赵飞燕时，赵飞燕的妹妹赵合德给姐姐献了35件礼物“以陈踊跃之至”，第一件就是一顶“金花紫纶帽”，说明此时女性贵族也流行戴各种帽子。

◎ 汉代头戴进贤冠的人物画像石 ◎

东汉王朝建立后，冠制更加严格细致，对通天冠、冕冠、长冠、进贤冠、巧士冠、樊哙冠等十余种冠式进行了规范。“衣冠”“冠盖”之类词语成为上层社会的代指。而到了东汉中后期，着巾逐渐成为时尚雅致的标志。

（三）魏晋南北朝

魏晋南北朝时期是中国历史上战乱频仍的年代，南北方风俗文化在这一时期不断碰撞融合。少数民族的胡服逐渐为汉地民众所接受，汉人传统的衣冠服饰也被醉心汉化的少数民族上层统治者所推崇，交流与融合也构成了魏晋南北朝服饰风格的鲜明时代特色。

魏晋南北朝时期，冠的名称和种类基本沿袭秦汉，有通天冠、远游冠、高山冠、法冠、武冠、小冠等。服饰制度也基本沿袭了汉代服饰制度。

东汉时期的曹操，为了解决战争期间物资匮乏问题，设计制作出简易的帽子“帢”，将白色定为最高贵的颜色，“白帢”遂成当时时尚。

◎ 身穿冕服的光武帝刘秀像 ◎

◎《历代帝王图卷》中戴白帢的陈文帝◎

两晋六朝时男子的主要首服是“纱帽”。纱帽有黑白两种，形制有圆帽、方帽、卷荷帽、高屋帽等，《隋书·礼仪志》记载：“帽，古野人之服也……宋、齐之间，天子宴私，着白高帽，士庶以乌，其制不定。”

除了纱帽外，这一时期比较常见的还有风帽、破后帽、突骑帽等。魏晋时期，隐士之风日盛，不少贵族视冠帽为累赘，角巾、幅巾、纶巾较为流行。江南妇女亦有用巾遮头的习俗。

值得一提的是，鲜卑帽因具有遮蔽风沙与修饰仪容的双重功能，在北朝极其流行。后来，随着北魏政府的服制改革，鲜卑帽逐渐开始向幞头过渡。此后，历经唐、宋一直到明代，幞头前后流行了1000多年，是我国古代男士首服的代表。

（四）隋唐五代

承袭六朝遗风，此时戴纱帽者众多。幞头以汉族幅巾为基本形制，借鉴了鲜卑帽的结构和特点。《隋书·礼仪志》记载："隋文帝开皇初，尝着乌纱帽，自朝贵已下，至于冗吏，通着入朝。后复制白纱高屋帽……宴接宾客则服之。"有了最高统治者的加持，乌纱帽在国内开始大行其道。大诗人李白曾作过一首诗《答友人赠乌纱帽》："领得乌纱帽，全胜白接蓠。山人不照镜，稚子道相宜。"乌纱帽在普通百姓中的受欢迎程度可见一斑。

其他见于文献记载的唐代首服，还有黑纱方帽、豹皮帽、锦帽、四缝帽、笠子、减样方平帽、大裁帽、莲花帽、平顶帽、危脑帽、轻纱帽等。

◎《步辇图》中，戴幞头的典礼官（右）及吐蕃使臣的通译者（左）◎

至五代，幞头在硬裹、水裹的基础上，采用传统刷漆工艺从而变硬，并最终脱离巾子独立成形。河北省曲阳县燕川村的五代时期的王处直墓中壁画织有一长案，上面的帽架上有一顶黑色幞头，略呈方形，其后平施两脚。

（五）宋代

宋代中国社会经济、文化发展达到了新的高峰。在服饰方面，受五代时期影响，宋代帝王所用的冕冠和通天冠等礼用之冠装饰繁多，颇为华丽。较之唐代的开放，宋代在“存天理、去人欲”等礼制思想支配下，以公服之用的幞头为代表的首服呈现出拘谨和保守的外观。这一时期常见的帽冠有通天冠（或称承天冠）、凤冠、远游冠、进贤冠、貂蝉冠、紫檀冠、平天冠、矮冠、头巾、幞头、京纱帽、笔帽、乌纱帽、卷脚帽、盖耳帽、裹绿小帽等。

◎ 头戴展脚幞头的宋太祖赵匡胤 ◎

此时，自皇帝以下至百官、差役都戴幞头。宋代幞头以藤织草巾子作里，用纱作表，再涂以漆，可以随意脱戴。其式样有直角、局脚、交脚、朝天、顺风等，身份不同，式样也不同。皇帝或官僚的展脚幞头，两脚向两侧平直伸长，也就是人们印象中长着两个“长耳朵”的官帽。而身份低的公差、仆役则多戴无脚幞头。

此外，随着幞头渐

演变成一种官帽，巾帽之风盛行于文人士大夫中。时人往往别出心裁，自创新样，温公帽、东坡帽、伊川帽等都是宋代名士创制的巾帽类型。

宋代女子冠巾的名目和形制也甚多，展现了宋代女子对美的追求，其中凤冠、九龙花钗冠、仪天冠和云月冠都是宋代后妃所戴的礼冠。角冠是宋代妇女的礼冠。花冠是民间妇女喜戴的一种冠。团冠、亸肩冠等是宋代年轻女性喜爱的冠。仙冠、玉兔冠、宝冠、金冠等是宋代舞女所戴的冠。此外，有一些来自海外的冠帽形式也流行于世。

◎ 赵孟頫笔下戴巾帽的苏轼 ◎

（六）元代

元代是中国历史上第一个由少数民族建立起来的统一政权，民族融合和等级制在服饰也得到了充分体现。

据《元史·舆服志》记载，蒙古国建立之初，“庶事草创，冠服车舆，并从旧俗。”蒙古宪宗二年（1252年）元宪宗祭天于日月山，始用冕服。而真正按照中原王朝传统舆服制度设计宫廷礼服等，是在忽必烈即位（1260年）之后。直到元英宗时期才参照古制，制定了“质孙服”制。这种服制承袭汉族传统又兼有蒙古族特点。

冠帽可以说是蒙古族男女服饰中特征非常鲜明的部分。元朝皇帝所戴的帽子分为冠、帽、笠三大类，种类颇多，如金锦暖帽、七宝重顶冠、红金答子暖帽、宝顶金凤钹笠、珠子卷云冠、珠缘边钹笠等。冠之戴法均有定规，一种质孙配一种帽子，必须配套。

普通男子日常穿着基本就是“冬帽而夏笠”“顶笠穿靴”。除此之外，元代蒙古族男子还流行一种名为瓦楞式的帽子。

元代的贵族妇女常戴着一顶高高长长的帽子，这种帽子叫作“罟罟冠”。罟罟译自蒙古语，有不同的写法，如顾姑、故姑、罟姑、故故、固姑等，波斯语称其为“孛塔黑”。《新元史·舆服志》载：“后妃及大臣之正室，皆戴姑姑……高圆二尺许，用红色罗，盖唐金步摇冠之遗制也。”罟罟冠的形似细长的花瓶。宋代聂守真曾赋诗《咏胡妇》：“双柳垂鬟别样梳，醉来马上倩人扶，江南有眼何曾见，争卷珠帘看固姑。”

◎ 内蒙古呼伦贝尔民族博物院的成吉思汗及其后妃蜡像 ◎

（七）明代

明代是最后一个由汉族建立的大一统中原王朝。明太祖朱元璋推翻元朝后，为了彻底消除元蒙对中原的影响，坚持以“礼”作为教化和治理天下的工具，对整顿服制十分重视，诏令天下“衣冠制度悉如唐宋之旧”，并采取“上承周汉下取唐宋”的思路，在吸收一些元代服饰特点的同时，恢复了汉服传统。

明代服饰之礼的基本特点是崇尚质朴。洪武元年（1368年），学士陶安请制五冕。这一主张被明太祖认为礼太繁而没有采纳，仅仅采用衮冕、通天冠、绛纱袍之制。明代的冕服只有天子及皇太子、亲王、郡王、世子可以佩戴穿用，公侯以下之人一概不许用冕服。

◎ 明代鲁荒王朱檀墓出土的九旒冕 ◎

明代官员朝服戴梁冠，公服戴展脚幞头，常服戴乌纱帽。明世宗参酌古制，创制了“忠靖冠服”，作为文武官员燕居之用。其冠后列两山，冠的顶部微起，三梁各压以金线。

◎ 孔子博物馆馆藏忠靖冠 ◎

明代史籍中留下正式名称的男子巾帽不下40种，包含堂帽、圆帽、中官帽、席帽、春秋罗帽、鬃帽、绉纱帽、冬毡帽、纻丝帽、幞头等。早期的帽都为平顶，到了明正德年间，帽顶开始稍稍收缩，如桃尖样。

此外，巾受到了明代大多数百姓和士人的欢迎。其中的唐巾、晋巾、万字巾、二仪巾、东坡巾、折角巾、华阳巾等形制承继前朝，其他则多为明代所独创或更新之制，如四方平定巾、网巾、儒巾、飘飘巾、老人巾、边鼓帽、砂锅片、缣巾、阳明巾、金钱巾、凌云巾、烟墩帽等。

明代最为大众化的帽子则是名叫“六合一统”的小圆帽，即后代的“瓜皮帽”。此帽本为执役厮卒所戴，后取其方便，士庶也戴此帽。帽有六瓣、八瓣之分，上作平形或圆形，用线合缝，下有檐。明陆深所著《豫章漫钞》记载：“今人所戴小帽以六瓣合缝，下缀以檐如筒。阎宪副闳谓予言，亦太祖所制，若曰‘六合一统’云尔。”

（八）清代

清政府不像元朝对服饰采取开明态度，而是基于“首崇满洲”的政治目标，将服饰作为树立新朝政权威，进而心理上消弭反抗情绪的重要手段。衣袖短窄的满族旗装占据了统治地位，致使中国古代服装发生了前所未有的变革，呈现出以满族的服饰装束为主的时代特点。

与蒙元时期不同，满族人深受中原文化的熏陶，对服饰问题十分重视。满洲贵族入关前即厘订冠服诸制，及清朝政权建立后，对于服饰制度进一步从法律上予以确立和规范，特别是清王朝定都北京后，对于服饰规定进行了多次修订。文武官员的朝冠，冬用薰貂皮制作，顶为镂花金座，饰有东珠或宝石。清代的官帽，冬季称暖帽，夏为凉帽。每年依定制，3月换凉帽，8月换暖帽。

◎ 清代官员凉帽 ◎

◎ 清代官员暖帽 ◎

清人无论老幼皆有戴帽习俗，便帽以小帽（瓜皮帽）最为常见。小帽的帽身较明朝之制为矮，质料则因季节变化而有所不同。毡帽亦沿袭明代，在民间多为农民及市贩劳动者所戴。另有笠帽，亦常为农民在田间劳作时所戴，多用竹、藤、麦秸编织而成。

清代妇女戴帽习俗远不如男子流行。南方妇女一般无戴帽之习，北方妇女为了御寒，有时会戴一种形制相对宽松的帽兜，又称“巾兜”。黑色风帽则为老年妇女所戴。

清代是我国封建王朝终结与近代历史开端融贯一体的重要时期。尽管在首服等衣饰外观形式上摒弃了许多传统形制，但其精神实质与整个中华民族服装文化是一脉相承的。

三、多彩的少数民族首服

每个民族都有着悠久的传统文化和独特的社会审美。其中，帽饰是民族服饰重要的组成部分之一，也是各民族风俗习惯的载体。

中国北方少数民族牧区，流行各种式样的毡帽。毡子是牧区的特产，取材方便，有良好的防风御寒的功能。“白毡帽”是中国柯尔克孜族的民族头饰，一年四季均可佩戴，其样式多为四棱平顶或圆尖顶，在不同的部落有不同的特征。甘肃裕固族男子也常戴“金边白毡帽”，帽檐后边卷起，后高前低，呈扇面形，帽檐镶黑边，帽顶有在蓝缎上用金线织成的圆形或圆八角形图案。裕固族妇女的帽子有东西部之别，西部是尖顶，东部为大圆顶帽，形似礼帽。

中国南方气候潮湿多雨，流行以竹木花草为料质加工的帽子，可用来挡风、遮阳，如各式各样的篾帽、草帽、凉帽等。广西贺州土瑶女子长到十四五岁，便脱下西瓜皮形小帽戴“木头帽”。“花竹帽”与“斗笠花竹帽”是毛南族特有的手工艺品，用颜色鲜艳、质地柔韧的金竹和墨竹篾条编织而成，实用又美观。与毛南族花竹帽相媲美的是畲族的“斗笠”，畲族斗笠的竹篾细如发丝，一顶斗笠的上层篾有220条至240条之多，再配上水红绸带、白带及各色珠子，极富民族风情。类似实用性极强的帽子，还有傣族的“笋壳小篾帽”、基诺族的“三角形风帽”等。

◎ 毛南族花竹帽 ◎

几乎每一种帽子的背后，都有一个娓娓动听的传说和故事。哈尼族一个支系的姑娘都戴土布缝制的小帽，未成年时戴一顶，成年时要套戴两顶，遇到心爱的小伙子，便送上一顶小帽作为定情物。仫佬族中有一种风习，如果姑娘不会编织“麦秆帽”就不能出嫁，编织麦秆帽是衡量姑娘心灵手巧的标尺。旧时布依族有“不落夫家”的习俗。女子同丈夫完婚后须回娘家居住。为此，夫家需择定吉日，由男家的母亲、嫂嫂或亲戚中的两个女子，悄然潜入女方居室四周，待新娘外出时，将新娘抱住，解开其发辫，迅速将准备好的“假壳帽”戴在她头上，因此有“戴过‘假壳’始为妻”的说法。在鄂尔多斯地区，未出嫁的女子都留有一条独辫。只有在出嫁的前

◎ 鄂尔多斯女性佩戴的珊瑚头饰 ◎

一天，才特邀德高望重的两位长者为“分发父母”，举行庄严的分发仪式，在辫子上系戴上由新郎送来的华丽贵重的首饰。鄂尔多斯女性头饰也传承着鄂尔多斯的物质与精神财富。

传统帽子对于少数民族来说，是一种文化认同的象征物。特别是对于有共同的宗教信仰的民族来说，帽子具有的宗教文化性十分鲜明。回族信仰伊斯兰教，在拜祭磕头的时候，额头和鼻尖必须撞击地面，一种圆形无檐小白帽因此流行，也称为“礼拜帽”。同样信仰伊斯兰教的新疆维吾尔族也戴一种四楞无檐小帽叫“朵帕”。此外，还有彝族传统的“毕摩帽”、侗族的“罗汉帽”、赫哲族的“萨满帽”、锡伯族中老年男性佩戴的“四喜帽”等。

少数民族地区还有不少仿飞禽走兽或用鸟羽装饰的帽冠，如白族的“鱼尾帽”“凤凰帽”，门巴族妇女戴的“巴尔袷帽”，苗族的“银凤冠”等。

第二节

中国毛皮和皮革制造技艺演进

自秦始皇统一中国以后，中国进入了漫长的封建社会时期，以皮草、皮革制造为主的毛皮行业得到长足发展。

一、先民对皮毛的利用

动物皮毛是人类最早可利用的服用材料之一，直接从动物身上剥下来的皮叫作“生皮”，生皮经鞣制和加工处理后，带毛的被称为“裘皮”或“毛皮”，经过脱毛的叫作“革”或“皮革”。毛皮业也是人类最古老的行业之一。

黄能馥教授在《中国服饰通史》中指出：“当人类学会手脚分工、直立行走，并能用火烧烤食物、取暖时，便加速了自身智力的发展，体毛退化，最终导致创造衣物护体御寒，并美化生活。”

1933年，在北京周口店龙骨山北京猿人文化遗址中出土了一枚骨针。由于当时人类还不会纺纱织布，骨针成为旧石器时代人类利用骨针缝制毛皮衣物的证据。北京猿人早在距今60万~50万年前就已经会使用石器剥取兽皮了，并能够本能地将动物毛皮披在身上御寒。

毛皮制造技艺经历了漫长的经验积累过程。刚刚剥下的兽皮虽然很软，却非常容易腐烂，过不了几天就烂掉了。为克服以上缺陷，人们想方设法提高兽皮的可用性。当时发现用牙咬皮上脂肪，可以让兽皮不易腐烂。后期又利用野兽的油脂或脑浆、骨髓涂抹在生皮肉面，经过揉搓使其变软，穿着起来比较舒适。另外人们还发现搭在树枝上的湿生皮，时间稍长，就会出现变色，人们从中受到启发，用热水浸泡树皮，再将兽皮放到泡过树皮的溶液中浸泡，兽皮干后不腐烂、不收缩，可长久保存。

传说距今约5000年左右，黄帝率领数万先民历经千辛万苦，千里迢迢从陕西渭河流域迁徙到适宜人居的桑干河流域泥河湾盆地。在此，人们意外地发现河边盐碱滩上的动物皮毛在数日后变得柔软滑腻，使用起来非常舒适温暖。于是，黄帝向各氏族推广了这种简单的化学软化兽皮的方法，并建立了许多专门从事毛皮鞣制和加工的基地。

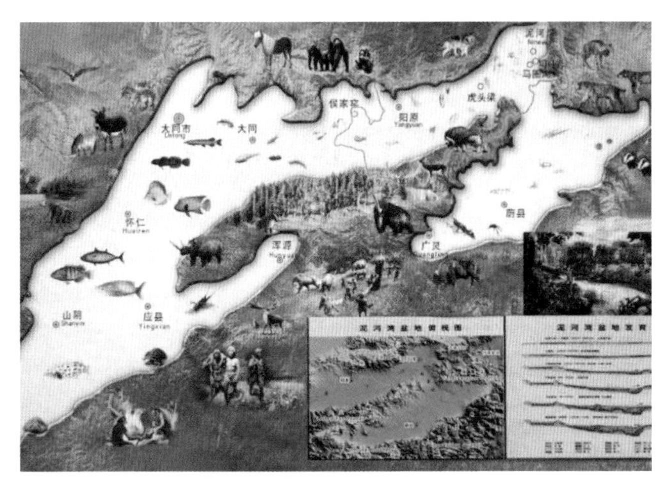

◎ 被称为“旧石器考古的圣地”的泥河湾遗址地图 ◎

二、毛皮加工技艺革新

经过漫长的人类进化和社会发展，人们在劳动生活中逐渐掌握了毛皮加工技艺，虽然毛皮已不是唯一的服用材料，但其制品仍占据着人们生产生活的重要位置，在甲骨文和金文中，都可以查到“裘”字，其中甲骨文中的“裘”字形似披着皮毛的野兽。

夏商时，先民已摸索出了以硫化碱加石灰液的灰碱脱毛法，这是继发汗脱毛法流传很久以后，在处理动物毛皮技术上的又一次革新。传说，有一年纣王征讨辽东，偶遇大雪。商朝名相比干为运粮官，受命寻找大量皮衣、皮帽、皮靴。比干见收购的数量远远不能满足军营的需求，便招募大批皮匠艺人，反复试验，终于获得了一种熟皮制作方法，并组织大规模制造。这种熟皮制裘工艺也在大营和百姓中传播开来，比干由此被中国皮行尊为祖师爷。

当人类掌握了软化兽皮、制作毛毡织物的技术后，兽皮、兽毛制成的帽冠便逐渐流行起来。如在新疆若羌县楼兰古墓群中，逝者无一例外地头戴毡帽。距今约3800年的“楼兰美女”干尸，身着粗质毛织物和羊皮，足蹬粗线缝制的毛皮靴。发长一尺有余，呈黄棕色，卷压在尖顶毡帽内，帽插数支翎。这些在干旱地区保存数千年之久的帽子，制作材料以羊毛为主，反映了当时畜牧业和手工业的发达。此外，在且末县扎滚鲁克墓葬中还发现了距今2800年左右的尖顶黑褐色毡帽。

◎ 楼兰博物馆馆藏毡帽 ◎

西周“百工”中已有皮革工。《周礼·天官冢宰·司裘内树》曾记载：“司裘掌为大裘，以共王祀天之服。”出土于陕西省岐山县的西周铜器的铭文中有“给业两坑群甬子皮”的字样，铭文中还记载了当时生产皮披肩、皮围裙、生皮索、鼓皮、鞋筒子皮、染色皮和生皮板等内容。

春秋战国时期的《考工记》是现存最早的一部记录了皮革、皮甲、皮鼓等制造技艺的古代文献。书中保留有先秦大量的手工业生产技术等资料，记载了一系列的生产管理和营建制度。《慎子·知忠》有云“粹白之裘，盖非一狐之皮也”，表明春秋战国时代的匠人们已经掌握了毛皮的拼接技术。

◎ 汉代皮刀鞘 ◎

汉代沿袭战国以来的“少府”制度以管理官方手工业，另设“工官”管理地方私营手工业。

经过三国鼎立、魏晋分裂四百年，匈奴、羯、鲜卑、氐、羌族等民族与汉族在不断的冲突与斗争之中充分地融合、互相渗透。战争和民族大迁徙更促使胡、汉杂居，衣冠鞋履文化互相促进，使我国古代毛皮产业进入了一个普及与提高的新发展时期。

隋唐是我国封建社会中叶的鼎盛时期，官办和民办手工业相当发达。唐代设有“少府”管理毛皮市场和作坊。唐朝的毛皮业生产已有一定规模，晚唐诗人归仁绍曾作打油诗：“八片尖皮切作球，水中浸了火中糅”，说明至少在唐代鞣皮技术已采用烟熏的方法。此外，宋代设有皮角厂、皮甲作坊、马甲作坊等。北宋时期，工匠就已经开始运用串刀裁制法，拼接出大金丝猴狨座，地理学家朱彧在《萍洲可谈》中记载：“狨座，文臣两制，武臣节度使以上，许用……狨似大猴，生川中，其脊毛最长，色如黄金。取而缝之，数十片成一座，价直钱百千。”南宋时期浙江制革业较兴盛，据《宋史》载，南宋时临安（今杭州）官府设有“皮百场”，专收皮革、筋角，以供作坊之用。

元代是我国古代毛皮生产的鼎盛时期。军队尤其是骑兵穿着用坚硬的水牛皮或牛皮做成的防御胸甲，战马也披挂皮甲。战争让原来生活在北方以游牧为主的少数民族大量南迁，同时也把北方的家畜和皮毛皮革手工业品带到南方各地，当时普遍采用比较成熟的植物鞣料鞣制皮革的方法。元代朝廷设立制革工业部门，名为“甸皮局”。元代大都（今北京）成为当时中国北方最发达的手工业中心城市。

◎ 明代的皮火药囊 ◎

明朝时期，官方设有皮作局，掌供宫廷百官及内府所需之皮革制品。至明中叶，匠籍制度由劳役制向银钱雇佣制度转变，工匠可更多参与到社会商品流通中，再加上匠人向经济发达地区的迁徙，有力地促进了毛皮行业的技术发展。科学家宋应星在《天工开物》中比较详细地记载了皮革和毛皮的生产方法即“鹿皮去毛，硝熟为袄裤，御风便体，袜靴更佳”。此时，湖南出现制作牛片皮及马鞍、刀鞘、油鞋、木屐的手工作坊；四川的一些少数民族地区已能用油鞣法制革；张家口成为四方闻名的毛皮生产经营集散地。

清朝是我国封建社会最后一个王朝，这一阶段裘服的制作工艺水平达到了一个前所未有的高度，花色、款式多姿多彩，用料纷繁复杂，裘皮迎来一个发展的高峰期。

清代设有专门鞣制皮革的硝皮作坊，称为“皮园”或“熟皮房”，李斗在《扬州画舫录》中记载："硝消皮袄者，谓之毛毛匠，亦聚居是街。"清中期，对于裘皮"不复知有明禁，群相蹈之"，上流社会大量使用裘皮服装。清末，出现了第一家近代化制革厂——天津北洋硝皮厂，该厂是最早采用现代鞣革技术和机器设备的制革厂。

鸦片战争之后，毛皮市场出现了中西并存的混乱局面，毛皮不再有标识等级地位的功能，而是成为满足富裕阶层心理需求的标识物。随着西方技术观念传入，民族毛皮和皮革工业开始萌芽，民族手工业在动荡的时局中艰难发展。但由于小农经济的故步自封，相关产业技术整体仍沿用芒硝、烟熏、明矾、树皮等祖传土法，技术水平远远落后于西方先进国家。

第二章 盛锡福帽庄与京帽概说

第一节　盛锡福字号的创立与兴衰

第二节　京帽以及北京盛锡福的发展

◎ 盛锡福帽庄 ◎

成立于1911年的盛锡福是京城响当当的老字号。老北京有一句歇后语叫“盛锡福——以貌（帽）取人”。这个歇后语也说明了老北京人对盛锡福和帽子之间牢固的记忆与想象。从“制帽作坊”“帽业专家”发展到今天名列“国家级非物质文化遗产”名录，在这一百多年间，盛锡福所经历的创业、传承与发展的历史，直接、全面地反映了中国帽文化的历史发展痕迹。从1936年落子京城开始，盛锡福就与北京这座城市的发展息息相关、命运与共了。

第一节

盛锡福字号的创立与兴衰

一、刘锡三白手起家建帽庄

（一）民国帽子与思想革命

20世纪初，随着辛亥革命推翻了清王朝的统治，结束了在中国延续了两千多年的封建帝制，作为封建主义规章的衣冠之治也随之瓦解。当时的百姓对“革命”“宪政”等新名词、新事物了解不多，但通过剪辫、放足、易服等“事小体大”的生活点滴，了解了革命并在文化碰撞中逐渐松动了禁锢的思想。

在当时，剪辫易服作为反封建思想指导下的风俗改良，成为轰轰烈烈的社会运动。不同于历代王朝改元易服之举，民国初年实施的新服制使民众的穿衣戴帽摆脱了等级制度和传统政治伦理的干预，标志着中国传统衣冠之治的彻底解体，这是从封建社会向近代社会变迁，促进生活方式近代化的一大变革。在中国出现了不以等级定衣冠的新服制，这是中国服装史上划时代的巨变。

◎ 中国香港百子里公园的剪辫铜像 ◎

其时，洋装成为各阶层追逐的新时尚，报刊评论说：“优裕者必备洋服数袭，以示维新。下此衣食维难之辈，亦多舍自制之草帽，而购外来之草帽。今夏购草帽之狂热，竟较之买公债券，认国民捐，跃跃实逾万倍。”在南京

◎ 民国时期帽店橱窗 ◎

“绸缎铺、估衣店闭门贴招，盘外国细呢、西式新衣。列肆相望，无论舍店，皆高悬西式帽”。可以说，伴随着政治革新，对于当时剪了辫子的中国人而言，戴帽子尤其是西式帽，已成为日常社交必不可少的“刚需”。

（二）充满磨砺的成长历程

谈到盛锡福的历史，就离不开一个关键人物——刘锡三。出生在山东省掖县沙河镇湾头村的刘锡三，表字占恩，祖祖辈辈过着面朝黄土背朝天的生活。刘锡三幼年读过几年书，后因家境不佳而辍学，帮助父亲在地里干活。岂料，家乡受灾，乡人四处谋生，还未成年的刘锡三便随着老乡们来到青岛打工。

经人介绍，刘锡三来到一家外国人开的饭店当了一名茶房。连汉字也识不了几个的刘锡三，并没有甘于做一个普通的茶房。他利用一切可能的机会练习英语，不久就学会了一些基本的英语会话。一个常来饭店的美国商人见刘锡三会讲英文、聪明灵活，便邀请他到洋行工作。

刘锡三在洋行采购部的主要工作是收购草帽辫。所谓草帽辫，是用于制作草帽的重要半成品，以麦秆手工编织而成。山东一带到处都有草

◎ “盛锡福”创始人刘锡三 ◎

帽辫，收购方便，加工成草帽也很简单，刘锡三熟悉民风民情，又有商业头脑，他收购的草帽辫价格便宜，质量也好，老板认为他很会办事，不久便提升他为正式职员。

刘锡三发现，洋行用低廉的价格收草帽辫，运到外国加工成草帽，再返销回中国时，它们的身价已经翻了几十倍。看到了中间环节的高额利润，他有了自己生产草帽的想法。咱中国人的钱为啥要让外国人挣去？再加上当时国内“提倡国货，振兴实业”的潮流正推动着民族工商业的兴起，报刊上经常有类似于“中国如不能自造物品，六十年后恐中国所有之金钱，皆输于国外，则中国灭亡将近矣”的警语，刘锡三想自制草帽的决心更大了。他一面潜心学习行业里的各种规则和技巧，同时省吃俭用攒下了创业资金。

◎ 草帽辫 ◎

（三）天津创立盛锡福

据刘锡三次子刘洪杰在《帽业泰斗刘锡三》一文中描述："刘锡三在美清洋行任职的同时，1911年又与表兄芮某合资在天津估衣街归贾胡同南口租了一间门面，开设盛聚福帽庄，专门制作草帽，到秋天兼营棉花，因为资本有限，买卖不大。"这间仅有三个工人并附有门市的盛聚福帽庄，就是后来大名鼎鼎的"盛锡福"帽庄的前身。

此时，虽然在天津开了帽庄，但刘锡三仍然在青岛的洋行里任职，他从青岛赊购草帽辫，再运到天津加工。此时的帽店，除了夏天制作草帽，秋冬季也经营弹棉花生意，是一个连家铺式的手工作坊。

20世纪20年代，盛聚福在法租界天增里附近（现交通旅馆旁）租了一间楼房门面，雇用四五人，专营草帽生意。楼上生产、楼下销售，开支小，成本低，盛聚福的草帽因价格便宜销路越来越大，一间门脸的门市已不敷使用。

1925年，刘锡三的表兄芮某病故，为了集中全部精力搞好经营，刘锡三辞去洋行的职务，接手帽庄独自经营。意欲扩大经营的他，找到了任东莱银行股东的本族亲属刘子山，通过他的关系，刘锡三将帽店搬迁到东莱分行的两层楼房。自此把店名改为“盛锡福”，“盛”字是希望买卖兴盛，“锡”字是取刘锡三名字中间的字，“福”字是因为刘锡三乳名叫“来福”，有祝福吉祥之意。

（四）工艺精进胜东洋

刘锡三有过在洋行工作的经验，经营理念比较有前瞻性。当中国人购物还只是认店不认牌子的时候，他就率先注册了盛锡福的品牌“三帽”商标。但盛锡福帽庄迁址并改称后，业务上并不见起色，刘锡三发现帽庄当时主打的圆顶宽边式的草帽虽然有价格优势，但吸引到的顾客大多为苦力和上了年纪的市民，无法吸引更多的具有购买力的中青年顾客，迫切需要从款式创新中寻求突破。

此时，他发现街头正在流行一种日本产的硬平顶草帽，便买了一顶帽子回来研究。一研究不要紧，刘锡三发现制作草帽的草帽辫是中国产的，于是他开始让工人们尝试用普通漂白草帽辫仿制日本硬平顶草帽。然而，日本硬平顶草帽色泽白、做工细、针脚平，盛锡福的产品即使售价低，也依然卖不过日本的产品。

◎ 盛锡福草帽工厂 ◎

刘锡三决定改进工艺。一是原料。盛锡福特意从宁波选购细草原料，这种原料草质细、韧性强，而且颜色明亮、有光泽。二是漂白。他打听到青岛一个技师周绍熙有一手漂白的绝艺，遂亲自登门以高薪延聘周绍熙到天津。三是制作。他听说天津法国工部局里的一个法国人桑斯要出让他从法国运来的折式草帽机器，于是当即买下。这样盛锡福草帽的产量和质量都有了新突破。盛锡福产的硬平顶草帽，因价廉物美而大受欢迎，不仅在天津销路很好，甚至被商贩运往外地销售。当时一把草帽辫仅合2角银币，可制成草帽5顶，加上工料费也不到2元，在市场上卖到6元，还非常畅销。日本草帽卖不过盛锡福，不得不黯然退出中国市场。

1926年正赶上盛锡福3年结算大账，盛锡福获纯利10万多元（银币）。刘锡三将这一笔纯利全部投入再生产，又在法租界天祥市场内设立了第一分销处，在盛锡福附近的滨江道增设了进出口部，一方面做草帽辫出口业务以及兼营其他贸易，另一方面办理进口澳洲羊毛业务，准备开辟呢帽生产线。

◎ 盛锡福第一分销处 ◎

（五）东山再起感动国人

1927年秋，正当刘锡三打算大干一场时，一场火灾将盛锡福全厂机器设备和原料、成品以及半成品全部损毁，“盛锡福”受到了重创。但是，刘锡三并不灰心气馁，他一方面租赁了三间门面的楼房重整旗鼓，楼下卖货，楼上作为制帽作坊，暂时维持现状；另一方面，则向承保火险的法国保险公司交涉，要求赔偿，终于迫使保险公司如数赔偿了损失。这次“盛锡福”共获得赔款10万元，刘锡三又从东莱银行贷款18万元。

1929年，刘锡三在法租界内的废墟上重新建起了一座五层楼的洋灰钢骨楼房——盛锡福帽厂大楼。新落成的盛锡福帽厂大楼里有总管理处、6个工厂及批发部、零售部、函售部、采购部等，只有印刷厂与栈房分置在外，可以说是盛锡福的生产基地和国内外市场的调度中心。

刘锡三及时了解市场变化情况，对损坏的机器进行一番修理，又添置了一部分设备，生产慢慢恢复起来。盛锡福生产的草帽也保持了质优价廉的特点，经营也很快地得到了恢复。刘锡三东山再起重建盛锡福的故事感动了很多国人，盛锡福的名气也大增。

二、品质立身成就“国货之光”

（一）技术自主享誉中外

刘锡三非常重视技术创新，他先后两次斥巨资购进外国先进设备，重金聘请技师，吸纳国内制帽工艺中的绝招，并积极学习国外先进技术。再加上对外宣传的力度不断加大，盛锡福的帽子很快就因做工精良、样式新颖、定价低廉而畅销海内外。此外，盛锡福还广泛收集各地市场的信息，收集技术情报，使帽庄改进旧产品创造新产品的能力远远超过同行。

20世纪二三十年代是盛锡福发展的鼎盛时期。1931 年，盛锡福首创用各色毛线、棉线和棕丝帽辫制成各式帽子，很快便在市场上流行起来。1934年，盛锡福增设毡帽帽胎厂。他一方面高价购置全套机器，又以高薪从上海聘来有经验的制帽胎技师陈世皋和张志谦来盛锡福指导生

◎ 毡帽工厂制作帽胎的情景 ◎

产。从此盛锡福生产的各种呢帽和部分礼式毡帽的帽胎完全自行制作，不再依赖进口。

1924—1934年，盛锡福共获国民政府奖状15个。在1929年菲律宾举办的“马尼拉嘉年华会”上，盛锡福的“三帽”牌草帽获得金奖。1934年又在巴拿马国际博览会上获大奖。一时间，“三帽”牌帽子被誉为“国货之光”，盛锡福“帽业专家”“制帽大王”的称号享誉海内外。刘锡三本人也兼任了山东旅津同乡会会长、华商工会监察委员等职。

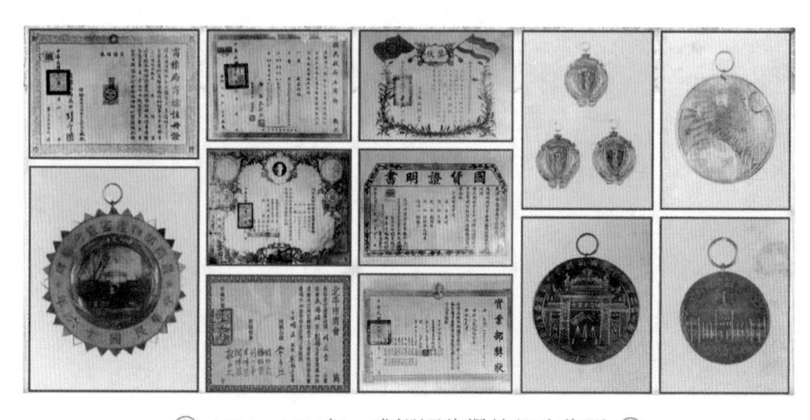

◎ 1924—1934年，盛锡福获得的部分奖项 ◎

（二）时代风浪寻觅港湾

小小的帽子，让盛锡福做出了大文章。在盛锡福帽庄鼎盛时期，帽子按材料分，有草帽、呢帽、布帽、藤帽、篾帽、线帽等；按季节分，有春帽、夏帽、秋帽、冬帽；按年龄分，有成人帽、老人帽、青年帽、儿童帽、婴儿帽等；按工作职别分，有军人帽、邮差帽、学生帽、铁路帽等，产品达200多种，年产约40万顶。不论高、中、低档的帽子，在盛锡福基本都找得到。

到抗日战争全面爆发前，盛锡福已经形成了辐射全国的经营网络。除了天津的总店和分店，还先后在北平、南京、上海、武汉、重庆、青岛、济南、徐州等地设立分号。刘锡三的叔伯弟弟刘占慈曾这样评价他：“刘锡三是个一门心思想把生意做大的人，他买卖赚了钱，不去置买田地，而是继续扩大再生产。哪个城市商业繁华，他就不惜一切代价，想方设法在最繁华的地段开设自己的店面。”刘占慈说得不错，天津、北京、南京、上海……盛锡福国内的每一家分号都开办于当地最繁华的地段。此外，在美国、澳大利亚、英国、法国、德国、意大利、西班牙、葡萄牙、荷兰、捷克、瑞士、瑞典、挪威以及非洲、南美洲等十多个国家和地区盛锡福均设有代销处。

1937年，日本侵略者占领天津后，民族工商业遭到严重破坏。全面抗战期间，盛锡福与国内工商业一道承受着浩劫。1946年，解放战争期间，各地交通阻滞，原料来源中断，盛锡福的生产和经营均陷入困境。至中华人民共和国成立前夕，已到无力支付工人工资的地步，帽庄处于风雨飘摇之中，难觅安身之所。

三、在竞争中快速成长

在商场有句话：“成功靠朋友，成长靠对手，成就靠团队。”盛锡福的发展也离不开自身建设和市场竞争，而构成“欢喜冤家”的另一位主角，正是同为津门商贾出身的“同陞和”帽庄。

同陞和与盛锡福早期都是小本生意，随着发展逐渐成为竞争对手。从1927年开始，双方与今日的肯德基和麦当劳一样开始“扎堆开店”。

这一年，盛锡福在天津著名的繁华商业区梨栈大街渤海大楼开设了前店后场的门市，远在老城东北角的同陞和感到了竞争压力，在距离盛锡福不到100米的惠中饭店租了一处更大的门市，在“盛锡福”开张的当天挂出廉价大甩卖的招牌，与盛锡福唱对台戏。盛锡福以静制动，私下打探出同陞和从德国洋行以每顶5元的价格进了一批“白通帽”（当时叫白面斗），而这种用软木制成帽胎的帽子，通常每顶进价就要6元。于是，刘锡三跳过洋行，亲自赶赴香港。与同陞和不同，他只买香港的软木胎，布料活自己加工，加工后的帽子结实又美观，每顶售价仅4元。此战，盛锡福大获全胜。1933年，同陞和到北京东安市场开设了分号，在京城一时独占鳌头。盛锡福随后闻风而至，也在王府井开了分店，与同陞和“分庭抗礼”。1938年，同陞和眼见天津老店附近一家货栈歇业，为了避免盛锡福乘虚而入，甚至抢先买下挪作他用……

当然，盛锡福与同陞和的竞争绝非恶性竞争。双方比的是经营策略、商品质量、技艺创新、服务水平等。在竞争中，双方各显其能。

除了在“货真价实、童叟无欺”等关乎信誉的细节上恪守承诺，它们更在各自的特色服务上下功夫。譬如，同陞和关注“时尚”，花色品种时有创新；盛锡福则注重“华贵”，肯在高档、精细上做文章；同陞和制帽讲究，做鞋也“新潮”，迄今盛行不衰的礼服呢便鞋就是同陞和的首创；盛锡福则于经营鞋帽的同时兼营百货及化妆品，并附设储蓄部，既方便了顾客，又盘活了资金。双方甚至还有“合作”，那是为了抵制日货，体现国人气节。

而他们的聚集实际上形成了小型商圈。消费者能够就近“货比三家”，盛锡福与同陞和所在的街道，便成为市民购买帽子等产品的第一选择。这对于盛锡福、同陞和周围的商家，乃至消费者而言都是好事。

在激烈的市场竞争中，盛锡福能够始终保持竞争力的根本原因是其深厚的生产经营底蕴。正所谓“打铁还需自身硬”，在内部管理和运营上，刘锡三可谓煞费苦心。在《盛锡福帽庄二十五年小史》中，记载了盛锡福生产经营的十八则要诀：“生意要勤紧，用人要方正，临事要责任，议价要订明，优劣要攸分，账目要稽查，用度要节俭，货物要修

◎ 缎帽工厂制作硬胎布帽的情景 ◎

整，接待要谦和，赊欠要识人，期限要约定，主心要安静，货色要面验，买卖要随时，工作要精细，出入要谨慎，钱财要明慎，说话要规矩。”这段简练易行的文字，关照到了从生产、人事、考核、财会、销售服务、账期管理到货品包装码放等多个环节，也成了盛锡福永葆竞争力的秘诀。

第二节

京帽以及北京盛锡福的发展

一、久负盛名的京帽

（一）历史悠久的制帽行业

北京的商业繁荣促进了帽业以及毛皮业的发展。“京帽”，尤其是皮帽产品久负盛名。

隋唐时期，北京毛皮、皮革业就已有记载。辽、金、西夏时期，燕京（今北京）传统手工业产品中大量使用皮革、毛皮。元代大都（今北京）是中国北方最发达的手工业中心城市，集中了当时主要的手工业，当时北京产的帽品已有笠儿、凉巾、暖巾、暖帽、皮帽、金顶帽、小儿带双耳的金线帽等。

北京帽店有史可考的，有开业于明代的王府街纱帽、金箔胡同的纱帽、双塔寺的李家冠帽以及杨小泉帽店等；清代康熙、乾隆年间开业的有杨少泉、田老泉帽店，其后开业的有一品斋、萧德恒、东兆魁帽店、马聚源帽店等。

明代“京帽”以竹丝作胎，有蒙青绉纱的官帽和蒙以青罗的平巾，以及纱帽、冠帽、草帽、棕帽、马尾帽、锦帽等。清代，帽业更为繁盛。清康熙年间，常见的帽品有礼帽、便帽和风帽。礼帽又分为暖帽和凉帽。一些店家精工细做、工艺讲究，产品独具特色。

此外，毛皮业的发展也支持着皮帽制造业的繁荣。明末清初，北京地区皮革皮毛业生产方式为家庭个体手工业或小作坊，以加工制作各种珍贵的高档细杂毛皮而见长，鞣制、染整、裁制、吊制四大工序配套完整，技术精湛，时有“北京裘皮甲天下”之美称。出身关外寒冷之地的满族，由于民族爱好和生存的需要，对裘皮服饰非常喜爱。在清代鼎盛时期，人们特别是贵族阶层穿戴裘服成为风尚，手工皮帽生产获得了重要的发展机遇。皮帽材料极多，最佳者为海龙、水獭，次之为紫羊、

◎ 裘皮装束的清朝官员 ◎

狐、猫等。

（二）近代风雨前行觅商机

民国时期，帽子有缎、皮、呢、草4类，其中缎帽、皮帽依然流行。帽类洋货有美式呢帽、东洋呢帽、巴拿马草帽、英美平式草帽、日本纸捻草帽，外埠品种则有四川草帽和山东、河北产麦茎草帽。在内外夹击之下，久负盛名的“京帽”在旧中国发展缓慢，大部分是分散的小作坊和个体手工业者。帽行公会就是他们联合自强的主要平台。

北京帽行公会创始于清乾隆年间，借东晓市药王庙为会所。1900年因八国联军入侵北京，受时局影响，行会逐渐瓦解。1928年，帽行为角逐商战，重建帽行同业公会，选郭子华为会长。随后，另购会所，公会迁至前门外銮庆胡同西口。当时入会的帽行商号有盛锡福、恒和号、萧德恒、马聚源、东兆魁、德昌号等191家。1932年，加入帽行同业公会的帽店有130多家，约有店员1000人。北京生产的帽子由于工艺考究、质量上乘，不仅供应本地、外埠，有些还被外商带到国外市场出售。

民国期间，随着洋货大量涌入，鞋帽商品变化很大，许多经营的旧品种被淘汰，市场出现了众多新品种，经营者日益增多。其中，北京帽店中名头最响的有经营老式帽子的马聚源、东兆魁、洪盛斋，还有自1936年相继开业的4户新式帽店——盛锡福帽店分店。以黑猴为标志的田老泉帽店也很出名。

此时，帽店集中于前门外鲜鱼口一带。售卖小帽的帽铺和毡帽铺，多数为前店后坊。还有专卖各种便帽、硬领帽的帽店，货非自制且兼营其他日用品。盛锡福、福东、福和公司的各式礼帽、皮帽、毡帽、草帽等做工精、造型好、穿戴舒适，颇受市场欢迎。

（三）国营经济主导创辉煌

中华人民共和国成立后，鞋帽业百废待兴。初期私营鞋帽店及个体经营者继续经营，国营鞋帽批发业组建并开始参与市场。1950年9月和12月，北京先后成立了“北京市帽庄同业公会筹备委员会”和“北京市靴鞋业同业公会筹备委员会”。1953年行业整改中，连同“绱鞋业公会”等三个公会，调整为“北京市鞋帽制造业同业公会”和“北京市鞋帽商业同业公会”两个公会，作为管理私营店铺的民间组织。帽庄业的会员按各户工商所占比重，分别并入鞋帽制造业和商业。

在国民经济恢复时期及第一个五年计划期间，北京帽业就业人口迅速增加，帽产销稳步增长。尤其是随着北京市民穿着发生根本变化，军便装、中山装、列宁装成为时尚，以蓝色、灰色为主的解放帽、鸭舌帽迅速流行。服装工业顺势在个体手工业鞋铺、帽铺基础上建起了新帽厂，京帽实现了工业化生产。

1953—1957年，北京三个大型棉纺织厂相继建成投产，结束了北京没有纺纱机生产棉纱的历史。纱、布产品不但满足本市需要，还大批量调往外地。北京生产的5万米纯毛哔叽出口苏联，开创了北京纺织品出口的先例。纺织业的发展促进了机制服装形成批量生产。京鞋、京帽也陆续实现工业化生产。1954年百货公司组织了上万人的加工组，年产约300万顶帽并派员往外地推销。

◎ 1954年9月北京市人民政府商业局伍市尺棉布购买证 ◎

公私合营后，北京市第一商业局以及国营批发公司取代了同业公会的行业管理作用，中国百货公司所属北京市服装鞋帽公司负责管理按行业归口的服装鞋帽公私合营总店及所属零售商店，自此以后相当长时期内，北京的鞋帽行业管理，主要由北京市第一商业局及各区县百货公司行使。

这一时期，全市帽业整合了1个帽厂、9个帽社，包括外加工人员15000余人，年产帽子约600万顶，产品由厂、社自销，除少数（约占20%）供应本市外，大部分（80%）销往西北、东北、河南、河北等地。自产自销为主的专业帽店在规模、场地、人员方面均有所扩大。盛锡福帽店原仅3间平房，合营后面积扩大到117平方米，人员从16人增加到23人，品种从300多种增加到900多种，还增加了自料加工、旧帽翻新、定做函购等业务。

京城帽业继承了“京帽”制作工艺的优良传统，自己设计制造了一批半机械化制帽专用设备，不仅提高了生产力，而且促进了“京帽”品种的增加。1958年，增加了乌克兰式皮帽、百折童帽等194个新品种。全市生产各类帽子约1140万顶，1959年增加到约2008万顶。北京的皮帽及少数民族需要的蒙古族帽、藏族帽、维吾尔族帽、回族帽等很受欢迎。

1960年，帽子供应不足。1962年4月，采取凭工业券供应，每顶帽子最高收券15张（皮帽），最低收券2张（童帽）。“文化大革命”期间，帽子品种单一，夏季是绿或蓝色军帽、前进帽，冬季则是灰、棕、深蓝、草绿色的军棉帽和长毛绒帽，女帽款式更少。由于供应不足，1968年4月实行了限量供应。

20世纪六七十年代，北京生产的帽子外销的有各式中高档皮帽；内销为一般的棉帽、单帽。单帽增加了棉涤纶、毛涤纶等各式新面料的前进帽、制服帽等。棉帽中一直畅销的是棉绒大众帽。

（四）市场经济下危机并存

改革开放后，随着人民生活水平的日益提高，制帽原材料的不断增新，帽子由原来的生活用品变为工艺装饰性用品。夏季有各式草编麻绳时装帽、绸布帽、塑料旅游帽，春秋季有礼帽、涤盖棉运动帽、羊绒时装帽、呢帽、毛绒帽。童帽更是丰富多彩，有大檐帽、军帽、毛绒帽、学生帽，各种动物造型帽。男帽品种相对较少，但各式运动帽、礼帽、皮帽、布帽等品种也比过去增多。

从1985年开始，北京制帽工业连续滑坡，从国内技术领先地位退了下来。帽子产量由1984年的1045万顶降到1990年的410万顶，下降60.8%。企业数量由19家减少到14家，职工总数由10422人减少到7370人。北京帽业受到三个方面冲击，即乡镇企业的冲击、三资企业的冲击、南鞋北上的冲击。这三者迅速地发展，具有装备新、成本低、变化快、档次高等竞争优势。而久负盛名的“京帽”却因装备水平、工艺技术、材料配套的落后而影响到其原来在国内的市场优势。

20世纪90年代后，北京的鞋帽行业部分企业亏损越来越严重。在此情况下，本着“并、转、联”的原则，多方寻求救活企业的途径。在企业结构调整过程中，打破行业界限，实现资产合理配置。整个行业迫切需要找到新的突破方向。

二、盛锡福在北京

（一）分销处时期吸纳家庭作坊

20世纪二三十年代，盛锡福先后在各地设立20多家分店。北京虽然是北方重要的大城市，但是当时工业很落后，店铺守旧。盛锡福未进北京前，当时北京帽店售卖的都是传统式老帽子。1936年，西单北大街盛锡福开业；1937年，前门大街和王府井大街盛锡福开业；1938年，沙滩盛锡福开业。4家盛锡福帽店先后开业，在北京市场上销售四季时帽，一时间领北京帽业之风尚，天天顾客盈门。

这一时期，北京分店由刘锡三大徒弟常瑞符负责经营管理。“盛锡福”并未在北京大规模地兴办工厂，这4个分销处只是销售门面，从事门市零售及批发。

从1946 年开始，北京盛锡福开始在北京组织小帽作坊加工，采取从盛锡福领料按照盛锡福的工艺要求加工的方式。尤其是皮帽生产、加工主要是依靠家庭作坊，盛锡福更是严把质量关。

老北京城在中华人民共和国成立以前有很多皮行的家庭作坊，并不专门制作皮帽，而主要是制作皮衣、皮袖、皮褂等皮货，经营规模较小，接受定做和来料加工的活计。盛锡福皮帽制作技艺前三代传承人李荣春、李桂林、李文耕经营的“恒隆领袖皮局”就是其中一家，经常接“盛锡福”的活，手工制作各种高档皮帽。彼时，北京的盛锡福分销处既有门市又有了合作的作坊，产销

◎ 盛锡福北平分销处 ◎

北平市商會　為
發給登記證事茲據　帽莊業　公會
報稱盛錫福　商人劉錫三經營商業合於
商會法之規定轉請准予入會前來除由本會
彙報外合亟發給登記證以資證明
右給　帽莊　業商　劉錫三　收執
理事主席
常務理事
中華民國
日
第　號

◎ 1946年北平市商会颁发的登记证 ◎

一体，焕发出了勃勃活力。

1947年，因连年内战，盛锡福生意萧条，刘锡三本人迁往中国台湾。北京盛锡福这时候完全独立出来，仅仅同天津和其他盛锡福分号保持互相交流的关系。

（二）公私合营翻开历史新篇章

中华人民共和国成立后，人们的生活方式发生了巨大的变化，审美标准也与以前大不相同。没人再戴老式帽子了，盛锡福面临经营困难，有不少员工甚至提出卖料子发工资的要求。万般无奈中，盛锡福的一位管事发现人们很喜欢戴解放帽，盛锡福马上组织研制，生产出了第一批解放式帽子，很快被市场抢购一空。

1956年初，全国范围出现社会主义改造高潮，资本主义工商业实现了全行业公私合营。在这场运动中，制帽行业的摊商组成了自负盈亏的合作商店和小组，并实行了归口管理。公私合营后，一些专业帽店被调整、撤并，如鲜鱼口内杨小泉帽店、杨少泉帽店、田老泉帽店等9家帽店并到震寰帽店。为了保持老牌匾及经营特点，也将具有特色的少数老字号予以保留。

毛主席、周总理非常关心老字号的发展。按照周总理关于“要保住盛锡福的特点，组织起来办工厂”的指示，1956年位于王府井的盛锡福帽店总店实现公私合营，所有的生产作坊都改为制帽加工厂，盛锡福帽厂在八面槽韶九胡同19号正式开工生产，生产经营得到进一步发展，历史翻开了新的篇章。

盛锡福发挥前店后厂的优势，开创了集产、供、销为一体的王府井盛锡福中心总店。盛锡福的员工们勤于动手，善于动脑，在短时间内开发出许多新的帽子品种，如青年人喜爱的“羊剪绒帽”，适合中老年人的“长毛绒帽”，女士们戴的“针织帽”，多姿多彩的“儿童帽”，连各式草帽都增加了多种花色。他们还开展了“自料加工”“选料加工”“旧帽翻新”“特大（号）特小（号）定制”等多项便民服务业务，受到广泛欢迎和好评。

◎ 北京盛锡福实现公私合营 ◎

（三）历经沉浮走以文兴商之路

在“文化大革命”中，盛锡福被摘下牌匾，王府井店改名为“红旗帽店”，1979 年才重新恢复老字号的名称。

随着改革开放的进程，北京鞋帽网点在规格和数量上迅速扩大，据1989年北京市鞋帽公司调查，经营鞋帽的网点多达3065个，经济成分也由单一的全民所有制发展为国营、集体、个人等多种成分。新增网点中，集体企业发展最多，个体商业也发展很快，兼营鞋帽的超市、连锁店也不断增加。

1984年，北京市委和北京市人民政府决定进一步扩建北京盛锡福厂房，同时还筹建了毡帽厂。扩建后的盛锡福增加了名牌产品的产量，在保持生产传统海龙、水獭、貂皮等名贵帽子的同时，为适应社会需要设计生产了各种款式的便帽、花帽、旅游帽、少数民族帽等。

◎ 北京盛锡福老厂房车间 ◎

◎ 北京盛锡福成为全国盛锡福帽业联合会理事长单位 ◎

◎ 北京盛锡福被认定为北京市著名商标 ◎

1986年，全国盛锡福帽业联合会筹备会议在北京召开。北京、天津、上海、青岛、武汉、南京六地盛锡福代表经过认真讨论和民主协商，正式成立了盛锡福帽业联合会理事会，一致推举当时北京盛锡福帽厂厂长杜玉荣为理事长，将“帽联会”总部办公室设在盛锡福帽厂。

进入20世纪90年代，盛锡福生产经营的各式男女成人帽和儿童帽有400多种，其中自产的毛涤前进帽、毛华达呢圆顶帽、仿毛礼士帽、水獭解放式皮帽、六角女士帽等多次获得国家优质产品奖。

2000年，盛锡福引进民营资本，实现了股权多元化。2008年，盛锡福在北京商务局的引导下，与多家老字号共同建立了老字号网店。同年，为了将中华老字号推向海外，包括盛锡福在内的7家北京老字号在北京商务局的带领下前往瑞士世界知识产权组织进行访问。在了解完相关手续和程序之后，陆续在日本、美国、新加坡等海外国家和地区申请了商标注册，为下一步“出海”保驾护航。

2009年，北京市商务委员会工作会议提出，在发展特色商业、扶植老字号工作中建立老字号传承人工作室，以支持和培养老字号传承人。意识到老字号企业代表的不仅仅是一个特色商业，还承载着那个时代的技艺等非物质文化遗产的责任，盛锡福由此走上以文兴商的新路。

2008年6月14日，盛锡福皮帽制作技艺经中华人民共和国国务院批准列入第二批国家级非物质文化遗产名录。2010年盛锡福投入200万元，在东四北大街368号修建了中国首家帽文化博物馆和以皮帽制作闻名的非物质文化遗产传承人工作室，总面积约300平方米。

◎ 2008年，盛锡福皮帽制作技艺获评国家级非物质文化遗产 ◎

如今，盛锡福的皮帽仍然按照代代相传的传统制作方法进行手工制作，传统制法的讲究、工序的严谨已成为盛锡福的品牌保证。盛锡福的帽子已不仅是一件商品，更代表了一种文化上的传承，因而受到越来越多人的追捧。2019年11月12日，盛锡福皮帽制作技艺入选调整后的国家级非物质文化遗产代表性项目保护单位名单。

（四）三进王府井大街初心不易

老北京名气最大的商业街非王府井莫属。盛锡福与这条大街总有着不解之缘，历史上曾三次进驻，这里承载了盛锡福太多的兴衰过往。每次进驻，盛锡福都在商业竞争中获得焕然新生。盛锡福帽庄25周年纪念册封面上的“发展中国国货，努力本国工业”的企业初心，依然激励着每个盛锡福人为之奋斗。

盛锡福与王府井大街第一次结缘是在1937年。北平沦陷后，市场上的日店、日货越来越多。仅王府井大街的日商就增加了3家，包括以经营棉纱棉布为主的钟纺株式会社，以经营服装、鞋帽、化妆品、日用百货为主的松坂屋百货店，以经营百货为主的虎屋百货店。刚刚设立分销处的盛锡福，在与日商的竞争中，以应时、新潮为经营特色，推出了小丝边新式平檐毡帽、猎式毡帽、斯德式毡帽、新猎式毡帽、鹅绒帽、细毡卫生盔、西式女毡帽、对花新式女毡帽、拉檐女毡帽、法式女毡帽、前进帽、巴拿马草帽、四平硬顶草帽等大量四季时帽抢占客源。不仅帽子品种新颖齐全，而且选料真实，做工细致。同时，盛锡福接待顾客讲礼貌、和气，服务热情周到。顾客可以来料加工，可以根据自己的头型进行定做，因此生意极为兴隆。仅1937年，盛锡福主要品种有75种，实际品种超过200多种。

王府井盛锡福帽店承载了老北京几代人满满的记忆。直到1993年6月，由于市政府开始对王府井大街进行全方位改造，盛锡福在王府井大街700多平方米的帽店被拆迁，盛锡福也开始了只有工厂没有店的艰苦5年。盛锡福老店在此期间6次搬迁，“搬一次家穷一次”，老店元气大伤。职工人心浮动，调走的、分流的、改行的，最难挨的时候前店后厂只剩下18个人。这18个人怎么也舍不得自己干了这么多年的老厂、老店，不忍心这个老字号就这么完了。他们“来者不拒”四处找零散加工活儿，奔波于各个商场专柜之间，积极派代表找领导，介绍老字号的盛名，推销自己的技术。

最终，咬牙坚持的他们找回了老店铺，并且在郊区建立了制帽工厂。1998年的最后一天，二次回归的盛锡福帽店在王府井大街重张开业。正是由于过去几年的技术积累，新开张的帽店200多平方米的面积虽然远远小于从前，但是帽子的种类更加齐全、样式新颖，吸引了大批顾客，销售额节节升高。老百姓嘴里又开始念叨“头戴盛锡福，脚踏内联升”的谚语了。

◎ 北京盛锡福王府井店内顾客购买皮帽 ◎

2002年，由于企业内部调整，盛锡福车间、办公区搬到了位于东四北大街的店铺。在这里，盛锡福的经营场地只有原来的1/5，员工人数减少了1/3，但销售额却提高了40%以上。盛锡福不断顺应社会潮流，也不断得到回报。

2020年9月22日，盛锡福将车间、办公区迁往王府井大街168号新中国妇女儿童用品商店楼上。如今的盛锡福在国内外广有合作，经营时装帽、休闲帽、裘皮帽等8个系列近4000个花色品种，引领中国的帽产品远销世界各地。

第三章 盛锡福皮帽制作技艺

第一节　皮帽制作的材料选用

第二节　皮帽制作的工艺流程

第三节　皮帽制作的质量标准

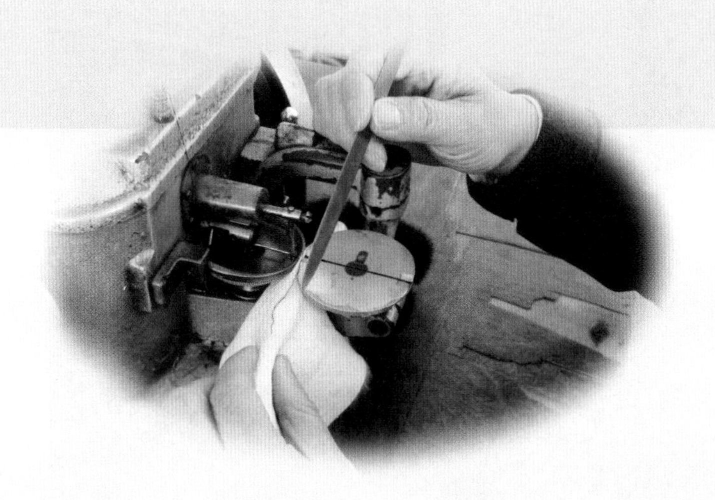

盛锡福吸收国内外优秀的制帽技术，皮帽制作博采众多工艺精华，形成了精良的制作技艺。该制作工艺流程复杂，加工制作一顶皮帽通常要经过十几道至几十道工序，每道工序都讲究精益求精。“选料”要求皮毛皮板整齐、柔软有拉力；“挑皮”刀要锋利，起刀、进刀、止刀要稳准；“配活”要考虑节约用料，毛的倒向要一致、毛的长短粗细密度要一致、毛的颜色软硬要一致；裁制皮毛时，如顶刀、人字刀、月牙刀、梯字刀、斜刀、弧形刀、直刀、鱼鳞刀等种种刀法千变万化，应用灵活；缝制时要求顶子圆、吃头均、缝头均；蒙皮面有缝对缝、十字平，勾扇、翻帽、串口等工序要求不一而足。这些复杂而又严格的制作程序，使盛锡福皮帽外形美观、典雅大方、做工考究精致、穿戴轻软舒适。

◎ 李金善正在制作皮扇 ◎

第一节 皮帽制作的材料选用

一、毛皮的产地和集散地

毛皮行业是从传统手工作坊发展而来的，全国各省、直辖市、自治区都积极发展毛皮和皮革产业，不少地区都形成了完备的产业体系，产品种类齐全。改革开放后，除了内地的一些传统产地外，沿海地区产业聚集效益日趋明显。

盛锡福制帽用皮，讲究哪儿产的颜色好、哪儿的毛绒好、哪儿的毛皮发亮。如羊绒、兔皮、青根貂选择内蒙古、东北的，猸子选择江苏、浙江的，狐狸皮选择东北红狐，油獭、旱獭选择内蒙古、新疆的，水獭皮选择东北的……为了获取最好的毛皮原料并有效降低成本，盛锡福经常独自或与其他商家“组团”，前往国内皮货主要产地和集散地采购。国内目前主要的毛皮产地有：

（一）海宁

海宁是钱塘江畔的一座小城，以汹涌澎湃的海宁潮闻名于世。然而就是这么一座只有65万人口的小城却缔造了一个“中国皮都”的神话。在海宁，平均3秒就能生产出一只票夹，平均48秒就能制成一组牛皮革沙发套，平均1.3秒诞生一件皮衣。海宁被誉为“中国皮革之都”，是全国重要的皮革、毛皮生产基地和集散中心。海宁相关产业规模、工艺技术、主要经济指标和知名品牌数量均居国内前列。

海宁皮革业发端可追溯到1926年。当时在海宁硖石，人们在棚户里利用水缸、棍子等简陋的生产工具，用盐酸硝皮法硝制皮革。到中华人民共和国成立前，在海宁双山形成了一定规模的皮革作坊。1956年，众多的皮革小作坊公私合营，成立了地方国营海宁制革厂，实行计划经济生产模式。20世纪90年代后，海宁皮革、毛皮业大步跨入黄金时代。

1994年海宁中国皮革城建成开业，是目前中国规模大、颇具影响力的皮革专业市场，是中国皮革服装、裘皮服装、秋冬时装、皮毛、皮革、皮具箱包、鞋类的集散中心，也是皮革价格信息、市场行情、流行趋势的发布中心。目前总部市场总建筑面积约160万平方米，经营户6000多家。

（二）辛集

辛集，河北省辖县级市，为河北省直管市。辛集是著名的皮革业中心，有“直隶一集”之称。

辛集的皮革业发端于宋辽战争中。辛集位于南北交会之处，因为军事需要，制作皮革、熟皮的技术就逐渐在辛集落了户。明清时期，辛集的皮革业日盛，素有“辛集皮毛名天下”之美称。作为全国重要的皮毛聚散地之一，可谓历史悠久，清光绪《束鹿县志》记载：辛集一区，素号商埠，皮毛二行，南北互易，远至数千里。

改革开放以来，辛集皮革业得到迅猛发展，构筑以辛集国际皮革城、制革、制衣工业区并驾齐驱的发展格局，成为全国最大的制革、制衣和皮具的生产基地，被国家命名为“中国皮革皮衣之都”。辛集皮毛业拥有企业1587家，从业人员约8万人，年产各类服装750多万件，革皮5000多万张。

（三）肃宁

肃宁裘皮，历史可追溯到明末清初时期，已有300多年的历史。在独特的地理条件下用特殊工艺制作的“肃宁裘皮”（主要为貂皮、狐狸皮、貉皮）具有轻柔美观、色泽艳丽、舒适保暖、无灰无异味、穿着大方等特点，堪称“裘皮软黄金”。

改革开放以来，肃宁县皮毛业迅速发展，大致经历了三个阶段。第一个阶段是20世纪80年代的“原皮购销”阶段；第二个阶段为20世纪90年代前半期的“市场流通+革皮加工”阶段；第三个阶段为20世纪90年代后期的“市场流通+裘皮加工”阶段。通过这三个阶段的发展，最终形成肃宁有别于其他皮毛加工地的发展优势。

如今，肃宁拥有全国最大的貂、狐、貉原皮交易市场，拥有华北地区最大的裘皮服装交易市场——中国裘皮城和华斯国际裘皮城。肃宁大力发展毛皮特种动物养殖，并将裘皮产业作为支柱产业，形成了毛皮动物养殖、市场集散、原皮鞣制染色、裘皮加工、制衣制件、成衣销售、出口贸易一条完整的产业链条，属于中国国家地理标志产品。

（四）崇福

崇福是中国轻工业联合会和中国皮革工业协会评出的“中国皮草名镇”，与温州“中国鞋都”、海宁“中国皮革之都”并称为浙江皮革产业三大特色产业区域。2012年3月，崇福又正式升级为“中国皮草名城”。

崇福皮草历史悠久，据史料记载，早在南宋时期就产生了羊皮加工手工业。1841年，出现了家庭硝皮作坊。中华人民共和国成立后，其皮草工业被传承了下来。2000年以后，崇福皮草行业开始快速发展。如今，崇福拥有从原皮到硝皮、印染再到成衣的完整的皮草产业链。一度，崇福皮毛行业参与制定的皮毛行业标准有24个，占全国皮毛行业50%的行业标准或国家标准，做到了一流企业的标准水平，把握了毛皮行业的话语权。如今崇福正推动相关产业的转型升级。

（五）孟州桑坡

河南省孟州市有个远近闻名的回族聚居村——桑坡村，是国内知名的皮毛加工专业村，有“中原裘皮之乡”的美称。据说，早在郑和下西洋时代，桑坡皮装就漂洋过海，远销异邦。改革开放后，当地建起了皮毛加工厂。该村的经济得到了突飞猛进的发展，目前，该村已成为亚洲最大的羊剪绒加工基地和集散地。

（六）枣强

河北省枣强县自古被世人称为“裘皮之乡”。其所产裘皮以历史悠久、工艺精湛、品质优良而在国内外同行业中享有盛名。因其产地主要分布在枣强县大营一带，又称“营皮”。

“营皮”的历史可追溯到3000多年以前的商朝。1840年，“营皮”进入了鼎盛时期，呈现了“街巷无处不经商，铺天盖地是皮张”的繁华景象。1921年英国、俄国、荷兰、美国、葡萄牙、法国等国家的皮货商人都先后到枣强设立办事处，收购皮毛制品，远销世界十几个国家。

目前，经过多年的发展，枣强已经成为国内外著名的裘皮加工、生产集散基地。大营镇先后获批为全国裘皮产品出口质量安全示范区、第二批全国特色小镇。如今，皮毛产业不仅是枣强县经济的支柱，而且成为全市乃至河北省重要的区域特色产业之一。

（七）佟二堡

佟二堡镇位于辽宁省辽阳市，交通十分便利，先后被列为全国综合体制改革试点镇之一、全国重点镇、辽宁省示范服务业集聚区，是闻名海内外的中国皮草之都、中国皮衣裘皮产业基地、中国皮革皮草服装名城。

历经十余年发展，佟二堡皮装市场、裘皮市场凝聚力、吸引力、辐射力不断增强，吸引了众多国内外知名品牌到这里经营销售，是全国三大皮装生产基地之一。佟二堡皮装、裘皮服装不仅销往全国各地，还远销美国、俄罗斯、丹麦、韩国等国家及中国港、澳、台地区。

二、主要动物皮张的选择

皮张的选择是一个技术含量非常高的关键环节。盛锡福对于皮张的第一道把关是最为严格的，需要对皮张有综合分辨和考验的能力。比如：既要知道毛皮的性能，也要了解毛皮的产地、季节，皮板的细韧度，甚至用什么饲料喂养的、会不会掉毛、用什么样的技术弥补材料的缺陷等。有经验的师傅，皮张打手里一过就知道这块料子优劣在哪里，适合做什么帽子。

毛皮工业的原料皮也就是生皮要进行一定的加工和制作才能够生产出相应的成品。在20世纪70年代之前，凡是家禽野禽和一些爬行动物以及从这些动物体上剥下来的皮毛、绒、羽、鬃、角等，畜产公司统称为畜产品。到80年代后，皮毛市场发生了变化，畜产公司各种皮张转化为皮草，行业内都称为皮草或裘皮。其实追根溯源，裘皮、皮草是在不同的时期人们不同的称呼而已，主要以商家叫法为主。目前，一般有生皮、熟皮之分，熟皮又分为光面皮（不带毛的革皮）和裘皮两种。

◎ 正在晾晒的生皮 ◎

◎ 制好的熟皮皮张 ◎

生皮是制革准备工序以后未经鞣制的裸皮。生皮的特点是身骨板硬，浸水后可变得非常柔软，可以塑形。生皮的缺点是浸湿后定形张力变化很大，定型时保型难度大。其优点是干燥时皮体呈半透明状，脱色后皮板洁净，光泽好。熟皮与生皮的区别是，熟皮在皮革鞣制过程中，利用鞣剂将皮革蛋白纤维中多余的可使干皮皮板变硬的骨胶原蛋白除去，因此熟皮在干燥时皮板具有柔韧性，不“板硬”。

盛锡福的原料选择工序都是由经验丰富的师傅亲自完成。皮毛要经过综合考验，如毛色，针全不全，底绒密度如何，以及皮毛是否为陈板、春板、秋板等。无论做什么样的帽子，盛锡福选择的皮张都是季节性皮张。此外，不同的动物皮张适应着不同的款式需求。主要的动物皮张种类有：

（一）羊皮

羊皮是最常见的制帽原材料之一，羊皮帽主要使用绵羊皮和山羊皮。

我国境内的绵羊有20~30种，其中，细毛羊皮和半细毛羊皮是制作剪绒羊皮的主要原料皮。世界上所有细毛羊的祖先均可追溯到西班牙美利奴羊。细毛羊皮毛色纯正，细密均匀多弯曲，弹性光泽好，皮板张幅较大，厚薄较均匀。

◎ 宁夏盐池滩羊 ◎

此外，滩羊、黑裘皮羊主要用于生产优质二毛裘皮；湖羊和中国卡拉库尔羊主要用于生产优质羔皮。这些毛皮均可制作皮帽。其中，滩羊为我国特有品种，滩羊皮底绒少，绒根清晰。将出生后一个月左右的羔羊宰杀后剥取的毛皮，为二毛裘皮。古人称之为“二毛皮统”或“西路轻裘”。小湖羊皮也是我国独有的毛皮品种。它是胎毛制裘，粗短又紧贴皮板，抖动时毛不立，花纹如行云流水呈自然波浪起伏，被誉为“软宝石”。

山羊皮的结构比绵羊皮稍结实，所以拉力强度比绵羊皮好，由于皮表层比绵羊皮厚所以比绵羊皮耐磨。与绵羊皮的区别是，山羊皮粒面层较为粗糙，平滑度也不如绵羊皮。

猾子皮是从山羊羔身上剥下来的皮，分为青猾皮、白猾皮、黑猾皮、杂路皮，可加工成各种衣帽、毯子、褥子。猾子皮耐水洗、抗热性能好，不回生，但御寒能力较差。

（二）狸子皮

狸子皮是一种野生制裘原料皮，又名山狸皮、豹猫皮。皮形似家猫皮，毛绒丰厚、平齐、细柔。针毛有色节。背部毛棕红或棕黄色，腹部毛灰白色，全身布满不规则花斑，色泽鲜明。按产地分为南狸皮和北狸皮。南狸皮花点清晰，色泽美观，多用于制反穿裘衣、领子及帽子等；北狸皮黄棕色，斑点较隐暗模糊，尾粗短，略带色环，毛长绒厚，保暖性好，但色泽暗淡，斑点不清晰。

◎ 豹猫 ◎

如做狸子皮女帽，首选的原材料就是南狸子皮。女帽要求颜色好、纹路清晰、美观，皮板的柔韧性要好。南狸子皮的毛、绒丰厚，平整、柔软，针毛色节形成不规则的花点，色泽鲜明，皮板坚韧，轻便美观。多用于制作皮毛朝外的裘皮大衣、女帽、皮领子等。

（三）兔皮

兔皮是一种常见制裘原料皮，有家兔和獭兔之分。家兔品种多，价值较高，有中国白兔、青紫蓝兔、大白兔、安哥拉兔等品种。兔皮毛被丰密，平顺灵活，毛色光润，皮板细韧，鞣、染后可制作各色裘衣、帽、领及服饰镶边，经济实用。

◎ 整张獭兔皮 ◎

獭兔是一种典型的皮用型兔，它的毛皮酷似珍贵毛皮兽水獭，故称为獭兔。獭兔毛具有“短、平、密、细、美、牢”六大特点，粗细一样，针毛含量一般不超过8%，且针毛退缩至基本与绒毛平齐。獭兔皮张的耐用性显著高于普通家兔，保暖性强，光照不易褪色，适合做各种大衣、披肩、帽子等。

（四）黄狼皮

黄狼学名黄鼬，别名骚鼠，又叫黄鼠狼，遍布全国，因区域气候不同，导致皮板、毛绒不同。颜色一致的黄狼皮也是做皮帽的上佳选择。作为一种野生制裘原料皮，皮形细长，毛色棕黄，腹部毛呈浅黄色。采用筒状剥皮法，也称元皮，统称为黄狼皮。

◎ 黄鼠狼 ◎

黄狼皮产地较多，中国内蒙古及东北的皮张幅大。盛锡福选择东北的皮张，它皮板柔韧，针毛高密，底绒丰足紧密，色泽光润，呈黄金色，尾毛长而绒厚，尾稍尖，张幅较大。黄狼皮女帽端正大方、优雅舒适，深受中老年人的喜爱。

（五）狐狸皮

狐狸皮色泽艳丽，板质柔韧，毛绒丰厚。其制品被誉为世界三大裘皮支柱之一。主要品种有红狐、西黄狐、草狐、蓝狐、白狐、银狐等，其背部毛呈红棕或黄色，腹肷毛为白色或黄白色。产于中国东北的狐狸皮张幅大，品质好。

狐狸皮的毛被细柔丰厚，灵活光润，色泽美观，御寒性好，制裘后可制成反穿大衣、皮领、皮帽、围脖、披风等，为毛皮中的上品。狐皮帽在西藏、东北地区都有历史传承。如今，狐皮经常被加工成筒皮使用，更多则是被裁剪后做成帽檐、镶边、配饰等。

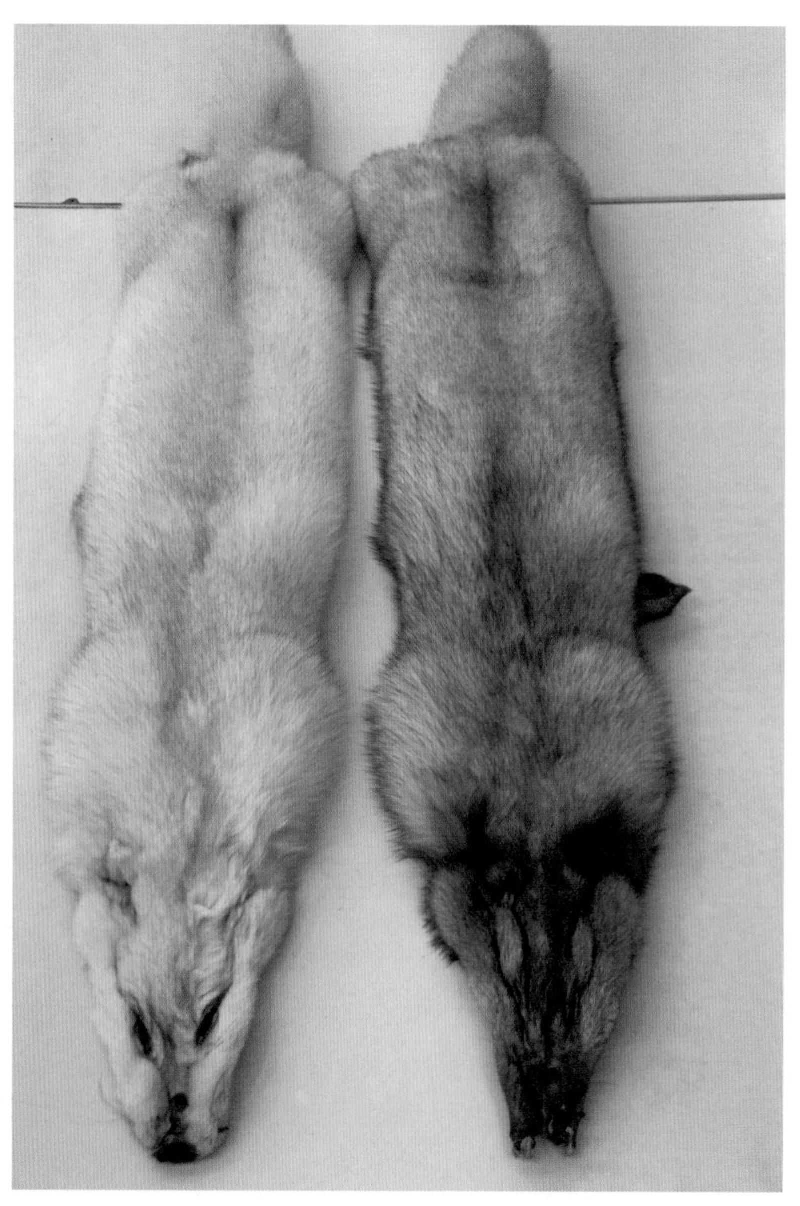

◎ 狐狸皮 ◎

（六）貂皮

貂皮是高档毛皮，素有“裘皮之王”的美称，主要为紫貂皮和水貂皮。紫貂别名黑貂，是最名贵的皮毛材料，是一种特产于亚洲北部的貂属动物，分布在乌拉尔山、西伯利亚、蒙古、中国东北以及日本北海道等地，曾是沙皇的专利品，现在仍是限量出口。

◎ 貂皮 ◎

水貂皮针短，底绒厚，俗称墨里藏珍。主要产地为北欧、美国、俄罗斯、中国，盛锡福一般选择进口貂。近年来，水貂皮日益大众化，受到年轻人和中老年人的喜爱。一般来说，中年人喜欢蓝宝石色、白色、黄色等，老年人喜欢偏深一点的颜色，比如浅褐色、咖啡色。

现在养殖的水貂也非常多，全国各地尤其沿海地区都有养殖。主要分为山东水貂皮、东北水貂皮、河北水貂皮。水貂皮是一种珍贵的细毛皮，它具有紫貂皮和水獭皮的优点，针毛光亮，灵活平整均匀，绒毛丰厚细软，色泽光润，板质坚实，鞣制后适合制作裘皮大衣，各种男女帽、披肩、领子、袖头等。深颜色貂皮也可以制作女帽，但通常是男帽居多，款式包括美式、解放式、土耳其式、大英式等。

（七）海獭皮

说到动物的皮毛，还有一种最为珍贵、最为稀少的动物，那就是海獭，也被称为海龙。它生活在深海和黑海里，不像其他海洋动物那样靠一层厚厚的脂肪来御寒，而是靠它那一身极好的皮毛来御寒。它的皮毛大、绒厚有光泽，最长可达1.6米左右，每平方厘米有约125000根毛，海獭的皮毛不仅极其致密保温，而且还能把空气吸进毛里，形成一个保温防护层，用海獭皮制成的衣帽是防寒的极品，也被称为“软黄金”。

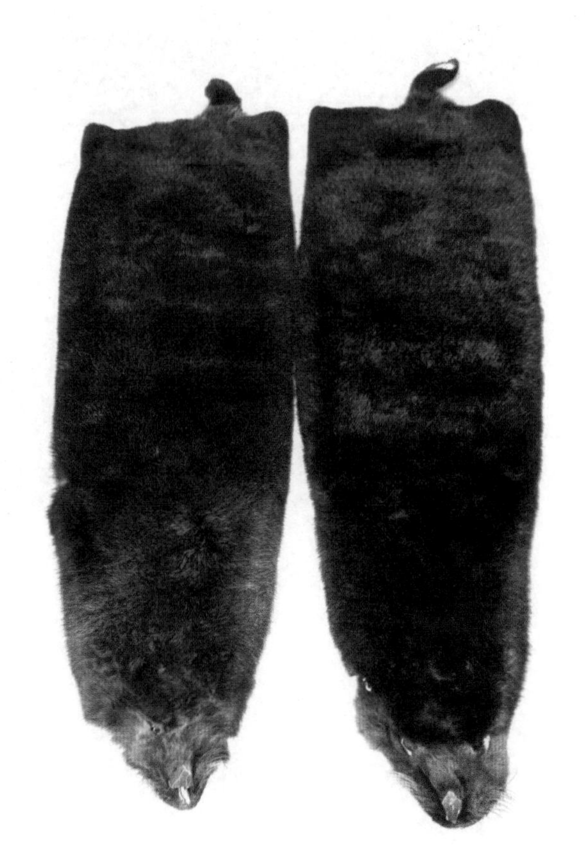

◎ 海獭皮 ◎

盛锡福制帽选用的东北路的海獭皮针毛长短适中，紧密光亮，颜色文雅，耐磨沥水平整，有均匀的小弯曲，俗称菊花芯，不易被水浸湿，皮板有韧性，御寒性强，经久耐用。使用海獭一般有两种方法：一种是拔掉针毛，称为獭绒，这种方法在20世纪70年代之前盛行；另外一种是保留针毛，称为獭皮，海獭皮特别适合做帽子，如果用全皮的海獭做帽子，还要选择一些南方的小毛獭皮作为里檐，这样做出的帽子美观且不臃肿，适合佩戴。

三、原料皮的性能与特点

（一）材料的品质特点

皮草材料的品质是指毛被和皮板的品质。目前主要采用以感官检测为主、定量检测为辅的方法来判断材料的品质。

毛被是所有生长在皮板上的毛的总称，分为锋毛、绒毛和针毛。同时具有锋毛、绒毛和针毛三种毛形的动物皮很少，具有绒毛和针毛两种毛形的动物皮最多，如貂皮、狐皮、狗皮、猫皮等。

毛被的品质要看长度、密度、粗细度、颜色、花纹、光泽、弹性、强力和柔软度等。使用时，可根据不同的用途，选择合适的皮草材料。

皮板的质量则要着重看厚度、面积、强度与韧性等，主要取决于动物的种类、性别、兽龄、分布地区、部位、宰杀季节、生皮的保存和贮藏，以及动物肥瘦因素等。

（二）材料的季节特征

由于季节的不同，皮毛材料的质量也有所不同。从毛的褪换规律可以分为冬季皮、秋季皮、春季皮和夏季皮，宰杀取皮季节不同，皮板与毛被的质量也有很大差异。

（1）春季皮。自立春（2月）至立夏（5月），气候逐渐转暖，这时动物丰厚的冬毛逐渐脱落，所产的夏毛皮张底绒空疏，干涩无光，板质较硬厚，针毛枯燥，油性不足，品质较差。

（2）夏季皮。自立夏（5月）至立秋（8月），气候炎热，经春季换毛后已褪掉冬毛，换上夏毛。这时所产的皮张，仅有针毛而无底绒，或者底绒较少，且缺少光泽，皮板瘦薄，皮张品质最差，大部分没有制裘价值。

（3）秋季皮。自立秋（8月）至立冬（11月），气候逐渐转冷，夏毛脱落，开始长出冬季短绒毛。早秋所产的皮张，毛绒粗短，皮板厚硬，稍有油性；中秋皮毛绒逐渐丰厚，光泽好，板质坚实，富含油性，品质较好。

（4）冬季皮。自立冬（11月）至立春（2月），这段时间气候寒冷，动物全部换成冬季毛绒，特点是针毛稠密整齐，底绒丰厚，色泽光亮，皮板细致，质量最好。冬季皮也称季节皮，其余均为非季节皮，激素皮也属于非季节皮。

盛锡福皮帽制作技艺传承人李金善当学徒的时候，每年都跟着师父去湖南、内蒙古、东北、河北等地采购毛皮，件件精挑细选，对毛质、皮板的要求一丝不苟，一收就是一大卡车。狐狸、水貂、旱獭、黄狼、麝鼠……见得多了，他瞅一眼就知道是什么货色。

第二节

皮帽制作的工艺流程

一、皮帽的设计与表现

皮帽设计经过了漫长的历史过程，完成了从实用到装饰的转变，逐渐趋于时尚化。盛锡福皮帽制作技艺，继承了中国传统手工艺匠人的精湛技艺，能最大限度地利用原材料独特的绒毛感和斑纹效果，受到消费者的一致欢迎。然而随着社会时尚的转变，当冬天戴帽子不再成为刚需时，以李金善师傅为代表的盛锡福皮帽制作手工艺者们利用结构性细节设计、感性审美设计等技巧，在保持盛锡福传统的基础上结合现代审美观念，把盛锡福传统特色与现代时尚融为一体，设计出“水貂皇冠帽”“海水江崖纹系列皮帽”“可爱多女帽（水貂）”等裘皮类、仿皮类共几十种新帽款。投放市场后，广受消费者的好评。

◎ 水貂皇冠帽 ◎

（一）结构性细节设计

结构性细节是指服装的框架结构的各个部分之间的组合关系。一般来说，帽子结构可分为帽体、帽檐（帽帷）、配饰三部分。帽子结构即各个组成部分的排列和搭配，涵盖了整体与局部的组合关系、内部的结构与各层材料之间的组合关系，以及各部位外部轮廓线之间的组合关系。

盛锡福皮帽在过去的设计发展过程中，一直受西帽的影响较大，结构多沿用固有模式。盛锡福鼓励创新，在传承传统技艺的同时，对皮帽结构进行了一些大胆尝试和探索。例如李金善制作的“水貂皇冠帽”，在红色丝绒帽体外围，用细铁丝制成皇冠形状，再用白貂皮条精细缠绕，突破了传统帽子结构的限制，单纯用帽体就实现了御寒的功能性与时尚美感的统一。由吴子镝创作的“可爱多女帽”，帽体采用镂空技术，用白色和咖色的貂皮条编织缝制在一起，并在帽墙的位置修饰了水钻配饰，看起来就像一个冰激凌甜筒，很受女性顾客欢迎。

◎ 女孩佩戴貂皮可爱多女帽 ◎

（二）感性审美设计

感性审美设计是指利用皮毛的质地、染色、图案、花型及拼接组织等设计手法进行设计。例如当下流行的动物纹理及几何图案纹理，通过拉毛或者烧毛及卷曲等工艺手段，使皮草表面呈现出丰富的肌理效果，有些还采用独特的工艺获得良好的视觉效果和触感，丰富了皮草的感性审美设计。李金善设计的“海水江崖纹系列皮帽”，通过挑皮、配活儿的方式，在保留原料本身特性的前提下，将清代官服中的“海水江崖纹”在皮帽上进行了还原。图案可大可小，可适用于大多数皮毛的制作。该设计不仅呈现了立体视觉效果，更迎合了当代中国年轻人的“国潮风”。

此外，通过钉珠、钩编、镶边等手法进行装饰性细节设计；通过边饰性细节设计，让皮草制品突破季节限制等方式，都是盛锡福皮帽设计中常用的方法。

◎ 女孩佩戴海水江崖纹女帽 ◎

二、皮帽的制作工具

“工欲善其事，必先利其器”。技术传承还表现在工具的不断改良上。制帽所需的很多工具都是工匠自己设计、制作的，如锛刀、针篦子、裁刀、钉子、鬃刷等。李金善对锛刀和裁刀做了较大改良。除了工具本身，在每个环节中，除了可见工具的使用外，身法技艺也是不可忽视的。在师父给徒弟传授技术的过程中，不仅要教会徒弟如何使用各种工具，制作过程对眼力、手力的灵活性、力度都有着很高的要求。从整套工序来看，眼和手的配合是最为重要的，需要徒弟用心去揣摩。

（一）锛刀

锛刀主要用于把皮推拉平整，也就是所谓的铲皮子。此外，锛刀的大头位置，可以在钉皮子上盔头时，替代锤子使用。在走刀时，可用不锋利的位置画线。待皮扇缝合后，还可以用锛刀把刚刚缝好的线匝得结实平整。在用裁刀剪裁时，可以用锛刀压皮子用。过去使用的锛刀，刀刃部分是平直的，后经李金善改良，现在的锛刀刀刃处有一定的弧度，操作起来更加灵活。

◎ 锛刀 ◎

（二）针篦子

◎ 针篦子 ◎

针篦子用来梳理“锈毛”，即把毛绒中的疙瘩或者缠绕在一起的部分梳理整齐。使用针篦子梳理“锈毛”厉害的地方，切记不能一下插到底，直接往上捯，那样会破坏绒毛表面。要拿针篦子从上到下，一层一层慢慢梳理。

值得一提的是，有一把特殊的针篦子在盛锡福还有着“传承符”的含义，被称为“合氏篦”，记载了新一代盛锡福人的智慧和良苦用心。

20世纪90年代初，盛锡福多次搬家导致元气大伤。最困难时期，厂子只剩下18个员工。时任董事长兼总经理李家琪和李金善师傅不约而同地想到了用梳篦制作合氏篦即“传承符”的主意。他们俩一边商量一边设计，用18根梳篦针代表老店的“十八棵青松”，雕刻在两块红木上的“万古独家永存、帽技传琪辉煌”的誓言，与盛锡福帽形商标浑然一体，在传承符背面则雕刻着传承人李金善师徒俩的名字，以后的传承人也将在这块符上留下自己的名字。这块“合氏篦”由传承人和管理者各执一块，代代相传，作为盛锡福人团结一心闯世界的信物。

（三）鬃刷

鬃刷一般由猪鬃制成，用于刷水、顺毛等步骤。毛皮平扇后，用鬃刷蘸水将毛皮理顺。此外，皮帽做好后，在整理的步骤中，也要用鬃刷蘸水顺毛，不能蘸太多水。据李金善回忆，过去曾经有一种大鬃刷，刷头大、鬃毛短，打理皮扇的时候特别好用，可惜现在已经买不到了。

（四）密封袋

吹风皮张后的皮子，经过刷水步骤后，要用塑料密封袋包起来，经过一定的时间，再进行平皮。

（五）样板

帽型样板是手工制帽生产中的重要工具，起着模具、图样和型板的作用，是排料画样裁剪和产品缝制过程中的技术依据，也是检验产品规格质量的直接衡量标准。盛锡福制帽的样板是以结构制图为基础制作出来的，以木制为主。

◎ 帽型样板 ◎

◎ 裁刀 ◎

（六）裁刀

裁刀主要用来剌皮子。与皮行裁衣服的刀不同，制帽的裁刀主要用来剌一些小件，所以必须是小刀。以前的裁刀是用贴钢的铁片制成，再安上一个木柄。李金善对裁刀进行了改良，使用的是锋钢刀片，相比以前锋利很多。

（七）顶针

以手针缝制为例，手指的姿势，戴顶针的位置，把线折断的技巧，都有一套传承下来的规矩。不过，皮行缝皮子与普通人缝衣服最大的不同，就是不用先把线打个结再缝制。最终缝好后，也不用把线头打结，直接用戴顶针的手指和手指一夹，线就断了。

（八）烤箱

烤箱是手工制作帽胎的重要设备。据李金善回忆，20世纪七八十年代，盛锡福曾经自制了一个大烤箱，用铁板制成，有半面墙大小，里面生火。一次可以烤百十个帽胎。如今，盛锡福用的是插电的烤箱，是用烤面包机改造而来的。相较于原来的烤箱，电烤箱可以精确控制温度，一次就能加工20多个帽胎。

◎ 缝皮机 ◎

（九）缝皮机

缝皮机主要用于缝制厚皮子。其工作原理是：机器上有两个水平的齿盘，将待缝合的皮板毛面相对，从一侧垂向进入两个齿盘之间，齿盘送料，两层皮板向右侧移动的时候，机针便将皮板缝合在了一起。

1975年，盛锡福购买了一台二手的德国进口缝皮机，可是机器老化不太好用。后来又从上海购置了几台，效果非常好。使用缝皮机时，缝硬皮子的时候，线的松紧度要紧一些，针脚要粗一些。做水貂等细活儿时，线要调得松一些，针脚要细一些。

（十）拍板

主要用来砸帽口、帽围的边，也用来把帽胎中的棉花砸伏贴。

除此之外，制帽中常用的工具还有铅笔、尺子、美工刀、锥子、记号笔等。

三、皮帽的制作流程

（一）皮帽制作的一般流程

随着不同时期经济、文化的发展，皮帽的款式、风格在不断变化，对于原料皮的裁制方法也在不断更新变化，这就需要了解各类毛皮的特点和区别，针对千差万别的原料皮，按不同种类、大小、宽窄、花色、毛质等特点进行分路，由整体着眼，内外结合，根据形式美的规律，运用统一与变化的原理，注意对比与均衡、疏与密、大与小、线与面的结合，合理地构思设计图案，采用最佳的裁制方法表现各种皮张的长处及特点，并绘制出纹饰及图案。

◎ 李金善正在制作皮帽 ◎

至今盛锡福的皮帽仍然按照代代相传的传统制作方法进行手工制作。现在盛锡福制作皮帽主要采用的原料有狐狸皮、水貂皮、貉子皮、旱獭皮、水獭皮、兔皮、地狗皮、麝鼠皮、黄狼皮、羊皮、猸子皮、狸子皮、海龙皮等。在这些裘皮原料的挑选上，盛锡福的师傅对毛质、皮板的要求一丝不苟，件件精挑细选，严格达标的原材料才能被采用。

好的原料必须有好的工艺才能更好地发挥它的优势。盛锡福加工制作一顶皮帽通常都要经过几十道工序处理。从皮板裁制开始，道道工序都有讲究。根据不同的款式，皮帽制作工序从十多道到五十多道不等，但最基本的工序是：挑皮→选料配活→吹风皮张→缝合→刷水→闷皮→平皮→制作皮扇→纳里子→上盔头→进烤箱→上帽子→纤口→整修→验收。

这些工序可分为四大部分：第一部分是皮毛，皮毛工艺应注意前优后劣，即头门优于耳扇，耳扇优于后裆，还要适当减少拼接。要求配活一致，毛的倒向一致，颜色一致。第二部分就是纳里子，里子要求吃头均匀，线要直，注意格与格之间的距离要一致，缉皮面时要注意明线的边距要直，距离要一致，制墙缝要对正，顶子十字间缝头宽窄一致。第三部分是盔檐，盔檐要正，浆上均匀，烫熟胎时不要烫煳，要烫成金黄色，蒙面时要对准底子前后缝，皮面要求十字要直要平。第四部分是组合部分，组合就是把以上的工序组合起来，手工绱帽扇，绱帽子松紧要合适，吃头要适当，吃纵在耳扇前上角与头门两角。翻帽子时要均匀，

◎ 制帽常用的木盔头 ◎

帽扇尖与头门上角要实，不舔里，不扫扇，扇切口相对称。手工针口吃纵均匀，切口严，拉线紧等。

（二）皮帽制作的流程详解

皮帽制作工艺是历代制帽师傅通过长期生产经验积累总结得出的技术成果，具备机械制造无可比拟的优点。

1. 挑皮

过去皮草业用的皮子都是板皮，制作之前不用挑皮。现在科学养殖不断发展，为了适应社会需求和市场竞争，剥下来的皮都是筒子皮，所以裁制毛皮的第一道工序就是挑皮。

◎ 挑皮 ◎

挑皮刀一定要锋利，挑皮时要看清毛质颜色、局部毛的长短、毛峰的方向，起刀、进刀、止刀要稳准，一刀下去绝不能挑斜挑偏。具体操作是：一人抻着筒皮的头部，另一人抻着尾部，把皮绷紧、绷平，毛向外，把绒毛峰尖抖起来，从尾部的腹部向前逆毛进刀，直冲毛皮脖颈处止刀，展成一张平展的皮，一定要挑直了。

2. 选料配活

在制作皮帽时，并不是随便一张皮拿过来就可以用的，配活是第二道工序，也被认为是最关键的步骤，决定了皮帽整体统一协调的视觉效果。

具体而言，在确定款式之后，需要为每一顶皮帽准备相应的材料。不同种类的皮草材料外观有显著差异，同一种类的材料也有很多差异，所以，配皮环节很重要，影响到整个皮帽的质量。配活，就是要在所有筒皮（动物的整皮）中根据毛（针）的粗细、绒的疏密、颜色等三个因素是否协调来挑选、搭配出制作一顶帽子所需的所有材料。如土耳其式皮帽需要两张皮张拼合而成，解放式、美式同样如此，六瓣女帽难度就更大了，需要三张皮张拼合而成，八瓣女帽则是用四张皮张的头部位置

◎ 选料配活 ◎

拼接而成。这一工序目前在盛锡福只有李金善师傅一人能够完成。

配活要求毛的倒向一致，针的长短粗密协调，毛的颜色、软硬一致。而每张皮原本都是独一无二的，要使不同的皮拼合在一起而看不出差异来，因而需要的皮张越多，难度就越大。挑选出四张毛、绒、色都一致的皮毛就比挑选两张的难度大得多。配活对光线的要求特别严，阳光太强太弱都不行，直射光容易影响对色泽的判断。比如黑色就因深浅不一而有很多种，所以阴天在室内向光的位置配活最佳。配活完全依靠经验积累，在搭配的过程中，不仅需要用心观察、反复比对，还要不时通过手与皮毛的接触去感知每张皮之间微妙的差别，这种能力只有在观察大量毛皮的经验积累之上才能获得。

选料配活主要包括以下工序：

（1）要求皮板应整齐，柔软有拉力，毛被针、绒要齐全，颜色一致，毛的大小、路分、粗细要相对一致，无锈毛、断针及伤残，皮毛软硬、粗细、长短、针峰一致。

（2）由于水貂皮毛比较珍贵，所谓“寸毛寸金”，两张70厘米以上的水貂皮才能配得一顶解放式帽子，所以说每一步都要精心计算用料。在不知道毛皮性能的情况下，为遵循节约用料的原则，一般可在配活之前拿两张皮先做试验，看一看皮张的伸缩性，皮张的尺寸大小，做到心中有数。

（3）要对原料皮张进行全面检查，凡是有毛病的如脱毛、破口、断板、秃针、锈毛、光板都要看到、处理到，以保证裁制质量。

用皮之前要对原皮的残缺进行处理，如对疙瘩毛、锈毛、刀口、破洞、线缝、个别白毛等进行处理。

不但要选择皮张，刺皮时还要选择皮板的下刀位置。刺活时要从两张皮最好的部分下刀，从水貂皮最底部进刀往上到前腿以下，此处是水貂皮最佳的部分，做出的帽子是最精神、最美观的。

制作皮帽时，要注意皮张各部位的质地是不是一致，一般来说，背脊靠头颈部位有领峰，从领峰向两边延伸直至腹肷，渐变松。而毛皮最好的部分就是脊柱部分，行话把这个部分叫作“脊儿”，被用于帽子最好的位置、最显眼的部位。相对应地，腹部的皮叫作“肷儿”。“脊儿”到“肷儿”的毛是由深到浅，密度是从密到疏。一般制作女帽时，挑选的皮张颜色要浅一些，毛头丰满，这样做出来的女帽更漂亮。大部分皮张用来制作男帽，皮张的颈部一般只能用作拼花、帽顶子、皮张拼瓣，以及做装饰。

3. 吹风皮张

吹风皮张也是皮帽制作过程中的一道重要工序。

（1）首先要除掉皮张中的粉尖和锯末，使毛松散灵活，抽打力量要适中，以避免损伤皮张。

（2）有的皮血迹和锈毛粘在一起，要梳通毛色，使毛的方向顺其自然，同时除去存留在毛绒中的锯末、灰尖、浮毛，使毛根走向一致、舒畅、美观灵活。

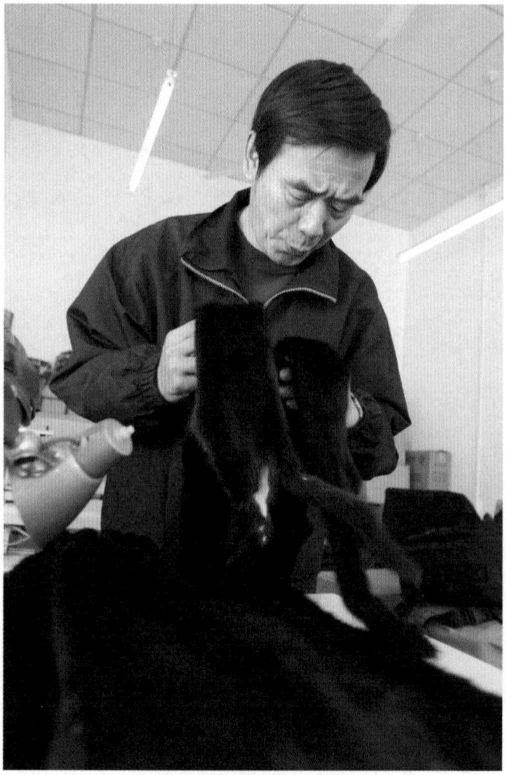

◎ 吹风皮张 ◎

（3）凡是原料皮张有毛病的，如有脱毛、破口、断板、秃针、锈毛、钩针等问题要进行修补，将刀伤、破洞、残缺、脱毛、虫蛀等处割开，通过用嘴对着皮张吹风的方式让毛的走向一致，以便观察皮张是否存在瑕疵，比如，是否有脱毛光板、短毛、白毛等情况。必要时要顶刀，把吹完的皮张进行重缝。

4. 缝合

刺皮完成后，制作一顶帽子所需的皮件就准备好了，接下来就要做缝合的工作。缝合就是根据帽款将若干块皮缝制在一起。缝合的方法可分为以下两种：

（1）一种是手针缝合。手针做工比较细致，针插的深度均匀，如水貂解放式帽扇碰到毛大和毛小现象，就要用手针缝合，叫作压板缝合；水貂土耳其帽前边的一道缝也要用手针来缝合，叫缉板缝合；还有欠板缝合，以上几种缝合方法是机器所代替不了的。例如，制作土耳其式男帽，是将两块半圆形的皮缝合在一起，根据毛的朝向，接合部位会形成分毛和碰毛两种情况，分毛的部分就要使用“缉缝”的手法缝制，这是机器缝制无法取代的，否则就会出现露板（露出皮板）的情况。

（2）另外一种就是机器缝合。在操作过程中 ’缝口要平齐，不拴毛、不锁毛、无线头，针插的深度要一致，缝针的密度为5厘米，6～9针为宜，针缝松紧适度。

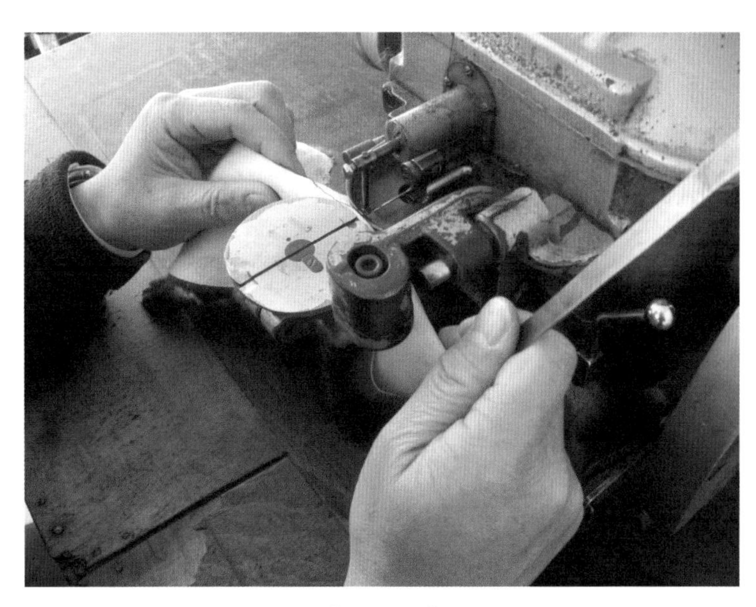

◎ 缝合 ◎

在制帽扇过程中，在吹风皮张和制作皮扇步骤后，都需要缝制的工序。吹风皮张后的缝合主要针对的是皮张的破损、瑕疵等问题，缝合后还需要“平扇”，即对缝制好的皮扇进行验收，检查是否存在光板，以及把线缝弄平整。制作皮扇后，则要对刺好的皮扇进行缝制。

5. 刷水

缝合之后要用水把皮张刷湿，待水分浸透皮张，水平放好做准备。刷水要均匀，要把皮张全部刷上水，再将皮张卷起来进行闷皮。如果刷水步骤不均匀，会造成皮面伸展不均衡。

◎ 刷水 ◎

6. 闷皮

闷皮的工序主要是为了让皮张变得平整，便于刺皮。闷皮就是把挑开的皮张用水浸湿以后装在塑料袋里，密封大约一宿的时间，第二天皮张变得柔软，待皮张彻底干透后，才能制作皮扇，这样做出的皮扇不会变形，久戴不会走样。

如果闷皮数量不多，大约闷皮10～20分钟就可以了。这一步骤是为

◎ 闷皮 ◎

了使水全面、均匀地吃进皮张，闷皮为下一步平皮奠定了基础。

7. 平皮

平皮是把皮张用劲拉伸平展，平皮有两种方式：第一种就是揉板皮，用手来平皮，要按帽子款式的需要平皮。对于轻微的不平整现象，可轻轻地拉皮，直拉、横拉、斜拉，视不同情况可整张拉也可局部拉；第二种是钉皮，钉皮是对每一张皮进行定型的环节，是用来扩张和展平皮张的，目的是改变皮张的天然伸缩性，获得一张平整、规则的皮张。

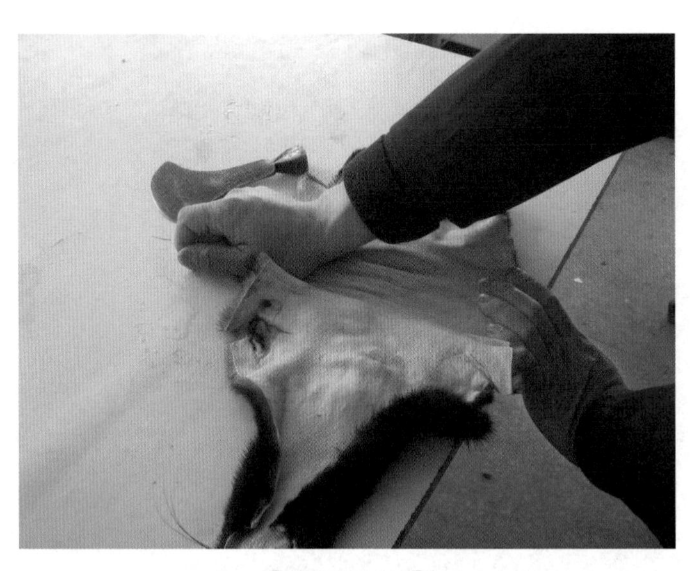

◎ 用手平皮 ◎

钉皮的具体步骤：（1）在木板上画出所需的基本形状和中线。（2）将皮张刷水后铺在钉皮的木板上。（3）将皮张中线与木板中线重合起来，然后固定皮张的臀部位置。（4）向四周拉伸延展。（5）用铁钉沿皮张边缘钉牢。需要注意的是，钉皮是皮张朝外进行，要注意挨着木板的毛绒面的毛峰走向，尤其在做拉伸动作时，更要注意不要戗毛。

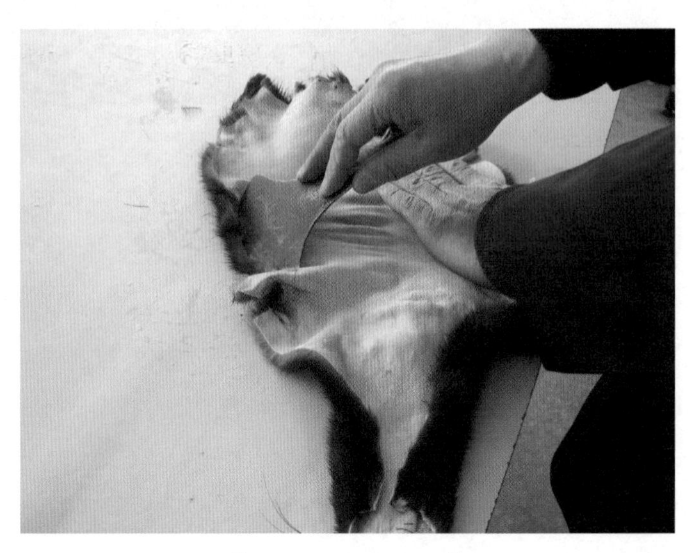

◎ 用铲刀协助平皮 ◎

这个过程会用到专门的平皮工具——锛刀和针篦子。使用锛刀将毛朝下刮皮张，用来把皮张推拉平整，使皮张充分展开。针篦子用来处理“锈毛”，即把毛绒中的毛疙瘩梳理整齐。不同款式对平皮的要求不一样，皮拉长的幅度也不一样。钉皮时要横平竖直，钉时不要过紧，要适度，待皮张干湿适当再使用，以免影响毛的质量。

8. 制作皮扇

依照不同帽款的样板对皮张裁制的过程，叫作“剌皮”。这一步对技术的要求比较高，即使是同款式的帽子，也有着不同的技法。因而剌皮时，刀法、力度都不相同，否则就容易造成原材料的浪费。裁制皮张的刀法有很多种，如顶刀、人字刀、月牙刀、梯字刀、斜刀、弧形刀、直刀、鱼鳞刀等。水貂皮解放式帽子和皮大衣之类相比用料少，所以制作过程中要少走刀，否则会影响水貂帽子的美观和价值。剌皮不能使用剪子，剪子会把毛铰坏。

裁制水貂皮解放式帽子时，样板摆放要合理，要节约用料。水貂皮解放式帽子的头门是最关键的，是人们观察一顶帽子好坏最直接的着眼

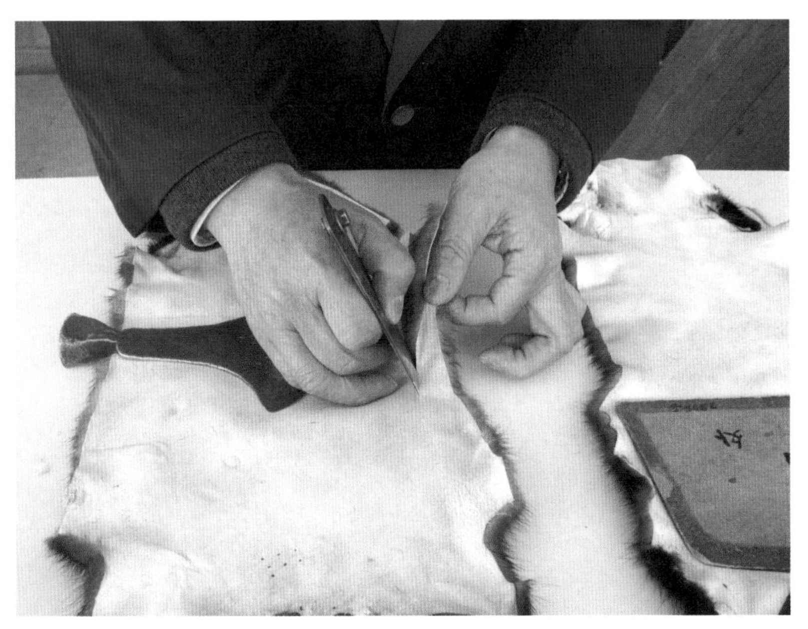

◎ 剌皮 ◎

点，所以两张配好的皮经过平皮之后要选择最好的地方用来裁制头门，尾部裁制帽扇，然后再裁制后裆。在裁制的时候，有的皮截开使用，有的皮劈开使用，有的皮横躺，有的皮斜用，操作时要凭经验进行局部的变化和统筹安排。

◎ 制作好的皮扇 ◎

◎ 纳里子 ◎

皮毛裁制不是千篇一律而是千刀万变的。不同的帽子有不同的裁制方法，如水貂皮土耳其帽子用一种裁制方法，水獭皮裁制解放式帽子用的是另外一种方法。

9. 纳里子、合里子

纳里子主要是用缝纫机在布面上缝制菱形块，让帽衬结实耐用，缝制时需要注意针距。合里子，即把帽顶子和帽墙子合在一起，形成帽胎。

10. 上盔头

上面的工序完成后，皮帽制作的准备工作就算是完成了，但决定帽子形状的是帽胎，这也是盛锡福皮帽制作的中心环节。帽胎制好后就上盔头，将之固定在对应型号的帽盔上。这时的帽胎也被称为“生胎”。

◎ 上盔头 ◎

11. 进烤箱

在生胎表面刷一层可食用糨糊，定型后放进烤箱烘烤，使之成为“熟胎”。取出后再由人工用熨斗把帽胎烫至金黄色成为熟胎，把熟胎打上口条，固定口条。然后，再次刷上面浆，套上皮帽面整理平整之后，再次放入烤箱烘干。当帽胎第二次从烤箱取出的时候，皮面和帽胎已经结合在一起，这时就可以把它从盔头上取下了。

◎ 上糨糊 ◎

如果不经过这道由生变熟的工序，今后帽子会生虫，不易保存。如此讲究

◎ 烤制后的帽胎 ◎

◎ 用烙铁烫帽胎 ◎

地制作帽胎，是盛锡福传统工艺不惜工本的例证，这也是其他许多手工皮帽同行在工艺和成品上无法与盛锡福相比的重要原因。

这样制作出来的帽胎在雨季潮湿的天气里不会返潮，不会变形缩号。而且在种种化学污染泛滥成灾的现代，帽胎制作中采用的都是天然产品，比如说刷浆时用的就是纯面浆，堪称绿色无污染。

当然，盛锡福的帽胎制作也远非一成不变。相较于保留的传统制作工艺，盛锡福根据市场需求对制作细节进行了调整。比如：过去帽胎都是用棉花来填充的，这样的帽胎牢实，而且经过两次定型之后，帽胎不易变形，可以传代，但戴起来比较沉重，也容易有不舒服的感觉。现在，盛锡福对帽胎制作进行了较大改良。帽胎改为用复合美丽绸轧制，外面再套一层无纺布的帽壳。不同的帽款，对应着不同形状的帽胎。轧制帽胎的过程现在全部使用缝纫机完成。

12. 定型、盔胎

熟胎制作完工后，就要把缝制好的皮面套在帽胎上。蒙皮面要求横平竖直的“十字平”，皮面和帽胎的大小要吻合，这个步骤的关键需要用劲把皮面蒙平了，中线要对正，防止出现褶皱、不平整的情况，行话叫作“里子和面子说话要说在一起”。

在盛锡福，一个合格的帽胎应该具备下面两条标准：首先，帽胎

◎ 蒙皮面 ◎

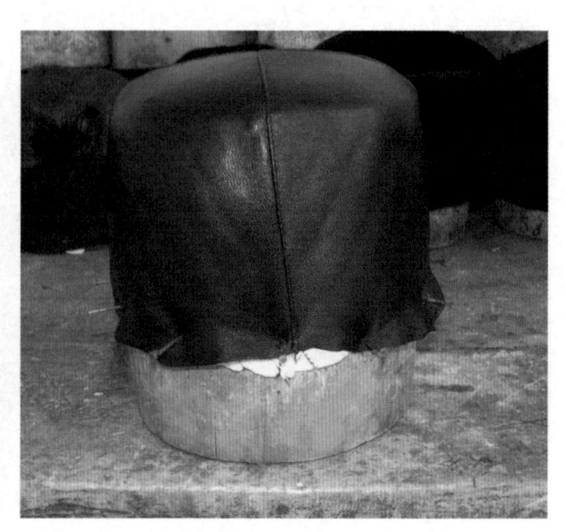
◎ 蒙完皮面 ◎

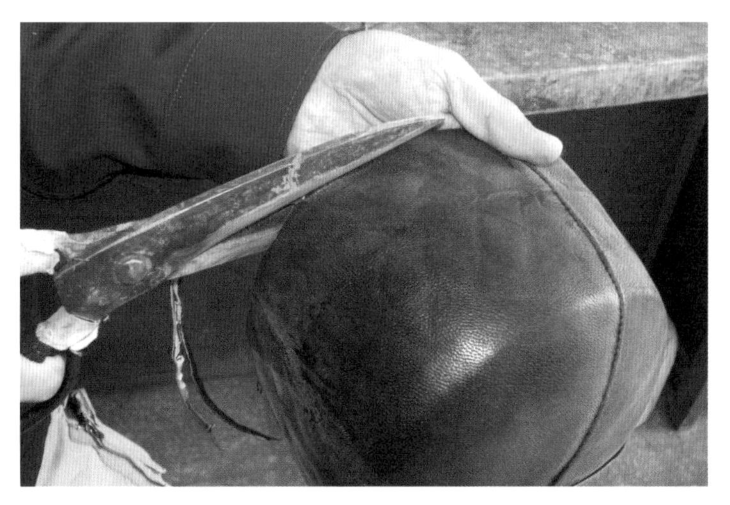

◎ 齐胎 ◎

的深度要在9.8厘米到10厘米之间，帽胎深度要一致。其次，熟胎制成后，把盔头压在帽胎上，如果帽顶不塌，帽墙不弯腰，才算是一个合格的帽胎。

13. 绱帽子、翻帽扇

绱帽子，就是皮扇和帽扇结合在一起，要求拐弯处褶要吃平、吃匀。翻帽扇，即将棉花铺平照帽扇的形状剪好，附在帽扇上整体翻面。注意帽扇的边角处，一定要把棉花充实，不要留空。

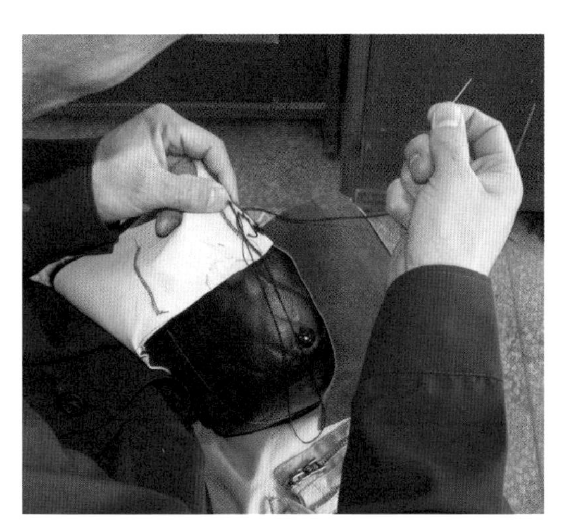

◎ 绱帽子 ◎

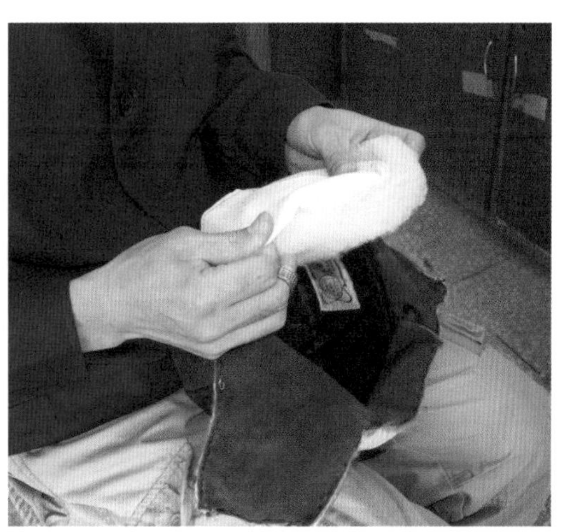

◎ 翻帽扇 ◎

14. 纤口

即把皮面和帽胎的边缘缝制起来。这个过程是手工完成的，要求针脚均匀，不能有脱针、掉针的情况出现。

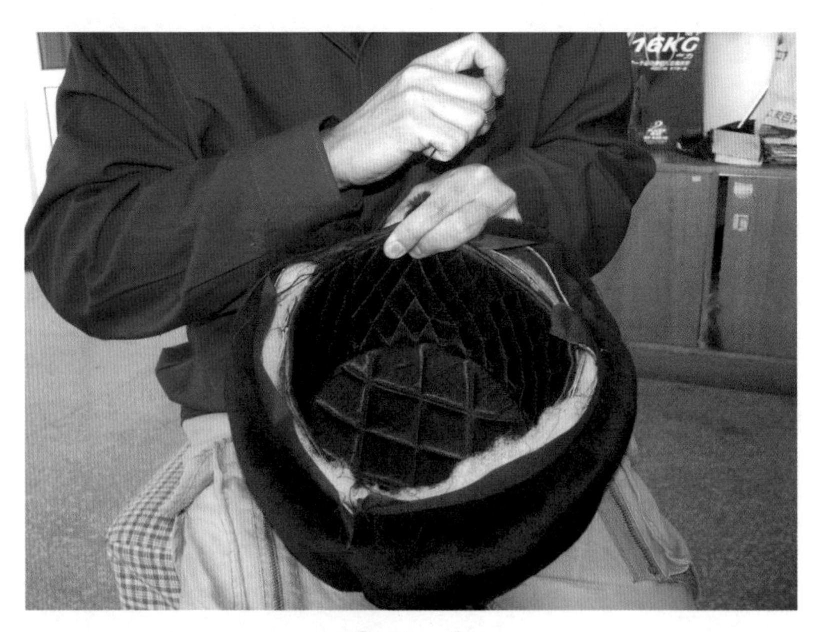

◎ 纤口 ◎

◎ 整修 ◎

15. 整修

对裁制好的帽扇要进行整修。整修包括找补、顺水、顺色、压板、欠板、缉板、顺毛等。发现有锈毛、光板、锁毛、拴毛的，与样板不相符合的，线缝松紧不合适的，颜色不一致的，要调换和修理，以保证帽子质量。不同的原料加工成皮草制品的整修过程也有所不同，可根据制品的性质来进行相应的整修。

16. 验收、装盒

盛锡福验收成品的标准是：头门正，切口严，耳扇对称，无光板，无开线，无明显偏歪。明线齐，商标正，不舔里，帽里整洁（无油污、无水渍、无糨糊等），号型准确，不超均差。

◎ 验收后装盒 ◎

目前，盛锡福的皮帽制作车间已搬至王府井大街。车间在一个大平台，采取分区负责的办法进行工作。主要由皮毛、裁剪、皮帽、便帽（外贸）四部分构成。皮毛部分由经验丰富的师傅负责，目前是由李金善、陈江山二位师傅担任主责。裁剪部分，目前是由王宝君师傅负责，包括裁剪、缝制等步骤，同时使用手针和机缝手法。裁剪部分一般与皮毛工序同步进行，之后到皮帽和便帽（外贸）部分。皮帽工序包括轧制帽胎（纳里子）、上盔子、上帽子、翻帽子等工序，除了定型过程需要使用烤箱之外，全部是手工活儿，目前由马万兰、范赴京、苏娟师傅负责。最后纤口、量号、包装等工序是由师傅们共同来完成。

◎ 范赴京师傅 ◎

◎ 苏娟师傅 ◎

（三）皮帽制作要过技术关

1. 手针关

皮帽制作的基本功在于手工缝制，行话叫“手针”，手针工艺是一项传统的手艺。相较于机器缝制，它具有灵活方便、精确使用的特点，并且也是制帽技艺的基础。尤其是在缝制高档皮帽时，手针工艺是缝纫机所代替不了的。

在盛锡福，师父都是从手针开始教授学徒。通过师父的示范、讲解，徒弟自己找一块皮张的边角料，再根据师父传授的手法、注意事项，进行逐一尝试，缝了拆，拆了缝，直到最终掌握技艺。这个过程因人而异，一般都需要3个月到半年的时间，才能掌握主要技艺。

缝制和走刀有着共同的追求，就是使得皮面看不出裁刀、缝制的痕迹。具体到手针，一般要求针脚深浅一样，线与线之间的距离一样，线的松紧也要一致，针脚整齐、均匀。对于学徒来说，这是个枯燥且充满挫折的过程，但只有经受住这一过程，才能具备传承这项手艺的资格。老师父们也会在一旁观察，及时给予指导和帮助，但更是要考验一下学徒能不能静下心来，全身心地投入手艺中去。李金善每每回忆起当年学徒的事，总是说没少受罪。“来车间之前我从没用过顶针，一不留神针就顶肉上把手扎破了，有的皮板又硬又厚，能把针都顶断了。”手针练得差不多了，公司会有一个考试，师父把皮子用各种刀法剌出来以后，再由徒弟限时缝制，最后由老师父们评判。只要过了这一关，就可以上手干活了。

除了手针，出于工作效率的要求，学徒还要学习缝皮机的缝制技巧，行话叫“机缝”。学徒要学会控制好机器的速度、调节缝线的松紧。此外，用机器缝皮时，针对不同的毛皮品种，还需要掌握调整缝针的粗细、缝合针距等技术。这一学习过程一般两周左右就能掌握。在盛锡福，机器并不能完全取代手工。尤其一些特殊工艺，或者是制作最高档的海龙皮帽，依然要使用手工缝制。

2. 刀法关

皮帽制作中最精湛的技术就是刀法了，相对于手针的单一，刀法可谓变化万千，最常用的有月牙刀、人字刀、鱼鳞刀、梯字刀。走刀并不难，难就难在什么时候使用什么刀法，这就完全依赖经验积累了。李金善学徒时，一针挨一针地缝了3个月皮子，直到缝出来的针脚都跟鱼鳞般整齐，师父才教他“刺皮子”的绝活儿。“刺皮子”即皮张裁制，难在刀法，不同的皮张和款式得用不同的刀法，有的皮劈开用，有的皮横裁用，有的皮斜用……

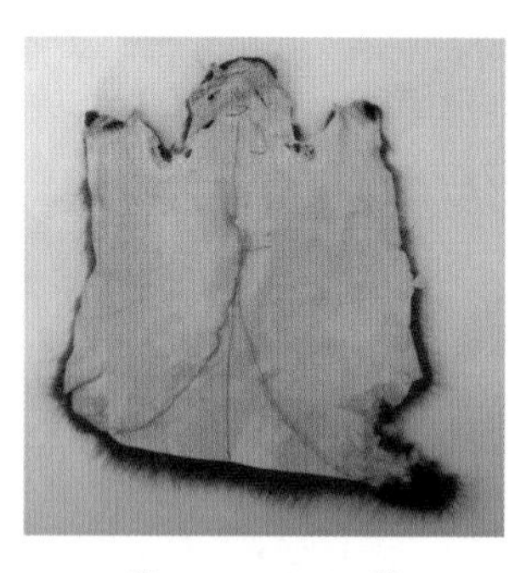

◎ 顶刀刀法 ◎

◎ 人字刀法 ◎

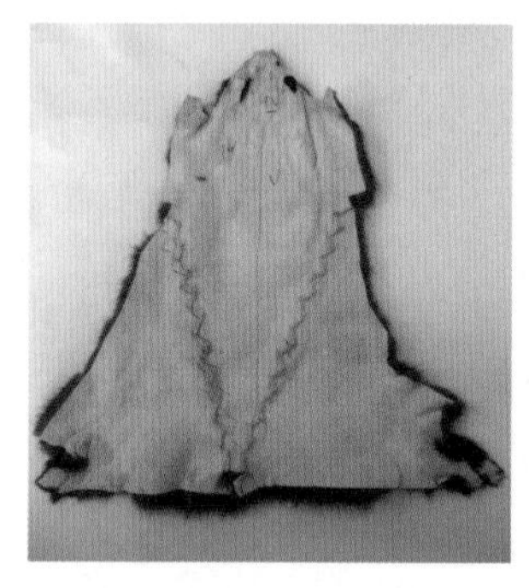

◎ 梯字刀法 ◎

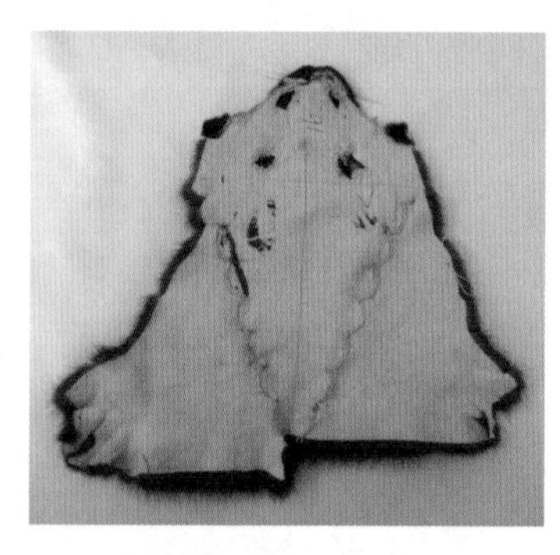

◎ 鱼鳞刀法 ◎

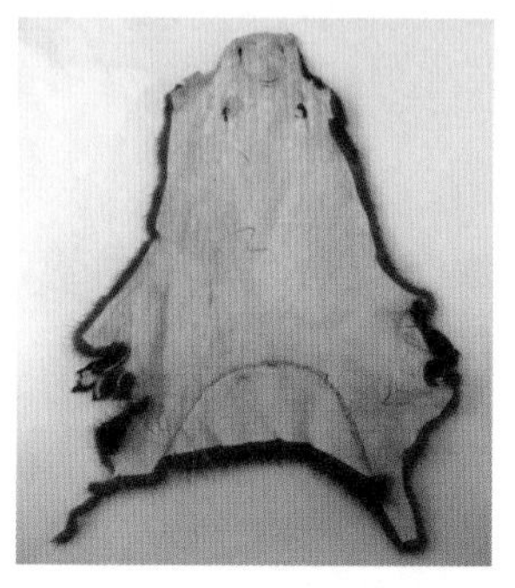

◎ 月牙刀法 ◎

走刀最为复杂的情况，通常出现在来料加工时，例如用袖头改帽子或用领子改帽子。这些皮料质量参差不齐，得依靠走刀的方式利用好现有的皮料，这不仅考验眼力，还考验刀法。现在皮帽已成为大众消费品，来料加工的活儿越来越少了。

综上，缝制和走刀是皮帽制作最重要的技术。缝制的变化较少，手法也是固定的，而走刀却是千变万化的，各种刀法要根据皮张的情况随机应变，这就很考验每一名工匠的技艺和判断了。

（四）品类工序举例

1.“硬壳解放式”工艺流程

（1）裁剪：画线、裁皮面、裁里子、裁口条、刮浆、裁棉花。

（2）做里子：纳里子、缝商标、整理、合里子、缉皮面、缝制耳扇。

（3）定型：裱头门、上盔头、钉钉子、用纱布、一次上浆、固定帽口条、进烤箱、烫楦、打口条、二次上浆、蒙皮面、二次进烤箱、齐楦。

（4）组合：擦胎、配活、拉黑条、包口、钉摁扣、钉飘带、钉挂钩、绱帽子、填棉花、翻帽扇、整理、纤口、顺毛、验收。

2.“水貂小檐女帽”工艺流程

（1）裁剪：画线、裁里子、包口条。

（2）做里子：缝商标、整理、合里子。

（3）定型：上盔头、钉钉子。

（4）组合：翻帽檐、小檐里儿、整理、纤口、顺毛、验收。

第二节

皮帽制作的质量标准

盛锡福的帽子以其用料考究、手工制作、做工精细、品质优良而著称于世。其皮帽制作工艺是历代的制帽师傅在长期生产过程中摸索出的技术成果，通过不断规范修订质量标准，为传承盛锡福制帽技艺、研发新的帽类制品、提高生产能力提供了坚实保障。最新一套标准的制定始于2010年，该标准适用于盛锡福全部棉、毛、化纤、粗、细、毛皮、皮革面料产品。

一、号型

（一）号型系列主要为56～62厘米；62厘米以上为特大号；56厘米以下为特小号。

（二）号型系列不做其他依据。工厂可根据市场需要选号安排生产。

二、技术要求

（一）各主要部位规格允差范围按表1规定。

表1

单位：厘米

部位	测量方法	允差	
		+	−
号型	用专用尺测量口内周长	0.6	0.4
里耳扇前中高	由里耳扇中间平量	0.5	0.5
里耳扇后裆中高	由里耳扇后裆平量	0.4	0.4
里头门中高	由里头门中间平量	0.4	0.4
帽胎高	由里墙下口量至顶缝（六辫类量至顶尖）	0.5	0.5

（二）外观绒毛丰满、毛齐顺，色泽相逐，门头、耳扇切口严。后裆不舔里，无齐毛、无锁毛、无拴毛、无鸳鸯扇，上檐要正。

（三）好皮扇毛绒相遂，板面平展，四边丰毛齐顺。

（四）毛质要求：头门优于耳扇，耳扇优于后裆，后裆耳扇相遂。带围子的全皮产品，围子的绒毛优于帽顶，帽顶优于里檐。

（五）缉面均匀，明线齐。各线路无开线、松线和连续跳针。用线基本对色。光革面不准拼接（里头门拼接不超过三块）。

（六）缝制针码按表2规定。

表2

部位	针/3厘米
缉面明线、劈缝暗线、缉商标、包口	12
绱扇、绱头门、勾扇、纳里、合里、扣大线	10
手工勾扇	6～7

（七）勾扇吃纵均匀平顺，两扇均称，无明显扭扇和严重锁毛。

（八）里面相符，包口平顺，商标正。

（九）帽子的装饰点缀要与整个产品协调一致、牢固。

表3

单位：厘米

部位名称	号型	允差	
		+	−
口周	58中间号	0.6	0.4
里耳扇前中高		0.5	0.5
里耳扇后裆中高		0.4	0.4
里头门中高		0.4	0.4
帽胎高	10～9.6	0.5	0.5

说明：本表是以58号为例按号型允差增减。

三、原辅材料

（一）以羊剪绒、猸子皮、兔皮、青根貂皮、狐狸皮、狗皮、獭皮、狸子皮、光面革皮和棉麻化纤等为主要原料。

（二）原辅料投产前进行选验，毛绒粗细、皮张大小、色泽基本一致选在一起，分批投产，添材料搭材料相遂，无锈毛、油毛、油板、焦板及严重锈毛，羊剪绒皮不得有光板和折足，其他皮中间允许有不大于0.3平方厘米的光板。

（三）里料、棉麻、化纤、色差不低于纺织部CB250-64样卡的二级。

（四）辅料、棉花不低于等级新棉花，泡沫棉厚0.2～0.3厘米革面，要求质地柔软，衬布带、皮革带的色泽宽窄长短基本一致。

注：如遇原材料不符合标准要求时，经有关单位协商解决。如国外另有要求按协议执行。

四、产品检验

（一）产品出厂前必须逐项检验，加盖验章。

（二）外观以目测手感为主。

（三）号型用专用尺测量。

（四）包装每1顶装一纸盒，每6顶装一大箱。

（五）抽验办法：由交货数额中任取4%抽验，其中不符合验收级别的超出10%再抽4%复验，经复验仍超出10%，可向生产单位提出自检后再验。

五、等级划分（适用于低档的大路产品）

（一）甲级：绒毛丰满。头门耳扇相遂（头门优于耳扇，外围子优于帽顶），色泽一致，毛稍整齐，添材料搭毛相遂。无光板、焦板、折足、锈毛、油毛。

革面要质地柔软，色泽光亮，鬃眼粗细基本均匀，表面无明显斑痕、裂痕，暗藏部位允许不超过0.3平方厘米的斑痕。色泽一致。

（二）乙级：绒毛略空疏，头门、耳扇基本相遂，色泽基本一致，搭毛顺，无光板、焦板、折足、油毛。

革面质地柔软，薄厚不均，光泽暗淡，鬃眼粗细不均，色泽基本一致，表面无斑痕，暗藏部位允许有0.5平方厘米以下的斑痕。

（三）丙级：毛绒空疏、毛粗、无光，色差略显，拼接基本齐顺。无明显勾毛、光板、焦板、折足、油毛。

六、包装、标志、保管、运输

（一）包装：保持清洁，根据原材料性质放置防虫剂，产品装箱舒展，码齐，数字准确，封箱要严，打箱牢固。

（二）每箱应有产品名称、编号、数量、型号、比例、等级、生产单位、出厂日期。

（三）防潮湿，确保安全。

（四）防雨淋、暴晒、重压、磨损。

第四章 盛锡福制帽技艺传人

盛锡福的皮帽制作工艺在风雨坎坷中被传承发展了下来。现在盛锡福负责皮毛裁制工作的李金善师傅已是1974年9月进厂的老职工了，他从事裁制工作已经有40多年的时间。李金善师傅的皮毛裁制工艺是由李文耕师傅传授的，这项裁制工艺是李文耕师傅的祖传手艺。李文耕师傅祖籍山东，他的祖上李荣春就以皮毛加工为业，手艺精良，曾为清末皇太后慈禧修补貂皮大氅，因爱其工艺精湛，光绪皇帝曾准备将他招入宫中承制御用皮毛，被李荣春婉拒。宫中还赐他黄马褂和御笔亲书的牌匾。这门手艺从李荣春、李桂林，直到李文耕一直流传下来。李家这份精良的手艺为盛锡福的皮帽制作工艺奠定了坚实的基础。

1956年公私合营之后，李文耕师傅开始在新建的盛锡福帽厂工作。因为李师傅的儿子无意继承这门手艺，后来进厂的李金善师傅被李文耕师傅的工作态度和精湛的技艺所打动，决心以李文耕师傅为榜样，学习师父做人处世的踏实态度，同时也开始跟随师父学习传统的皮毛裁制工艺。李金善师傅开始学习该项技术时，正值皮毛市场刚刚复苏的时期，社会上的知名人士、商人、国际友人、华人华侨、港澳同胞等，纷纷来盛锡福定做帽子，他们自己带来的原料中有清代时期服装的袖头、领

◎ 李金善带领盛锡福传承人给学生们演示技艺 ◎

子，甚至有马甲、褥子、大衣，要求改成帽子；还有各种各样的皮张：海龙皮、紫貂皮、水獭皮，甚至天鹅皮。李金善师傅在这样的背景下跟随李文耕师傅学到了一套过硬的技术。李金善师傅不仅学到了优秀的传统手艺，而且在平时的工作中不断努力钻研，不断完善着这项流传了多年的手工技艺。

传承谱系表

传承谱系	代别	姓名	性别	出生年代	传承方式
	第一代	李荣春	男		
	第二代	李桂林	男		家传
	第三代	李文耕	男	1911年	家传
		贾宝珍	男	1923年	师传
	第四代	李金善	男	1958年	师传
		施法钰	男	1952年	师传
		俞彤扬	男	1957年	师传
		马启斌	男	1962年	师传
	第五代	马万兰	女	1967年	师传
		陈江山	男	1968年	师传
		陈军	男	1968年	师传
	第六代	马立爽	女	1989年	师传
		吴子镝	男	1985年	师传

第一节

第一代传人

盛锡福皮帽制作技艺第一代传承人：李荣春

他14岁从山东徒步走到北京福记皮货庄学艺，因手艺精湛曾进宫修复貂皮大氅，获赐黄马褂；清光绪二十八年（1902年），他创建皮货店，与盛锡福签订供货合同。他就是国家级非物质文化遗产盛锡福皮帽制作技艺的第一代传承人李荣春。

皮行学徒改变命运

同治二年（1863年）生于山东省宁津县李家镇的李荣春，从小与父亲相依为命，由于生活困难没能到学堂读书。但学堂的宋哲锡先生喜欢小荣春的聪明伶俐，常教他认字读书。几年下来，小荣春也能看些书了。

13岁那年，宋先生告诉李荣春父亲，自己有个亲戚在天津皮货庄当二掌柜，皮货庄的北京分店正在招学徒。问问荣春要不要去学个手艺。父亲千恩万谢，回去和李荣春商量，没想到他非常想去。为了儿子能奔个前程，父亲将家里的两亩地卖了，又叫上了表姐家的二小子李玉升同去。

就这样，光绪三年（1877年）一开春，两个半大孩子带着家人做的野菜饼子、枣子、卖地的钱和一席铺盖卷，从老家结伴徒步赶赴北平了。一路上，他们小心地走着，饿了吃口饼子，渴了向农家要碗水喝。走了两个多月才算走到京城。李玉升没能一同进城，而是因病留在了大兴庞各庄当农民。

李荣春独自一人来到了北京东打磨厂的福记皮货庄。听掌柜的安排，他在学徒契约上按了手印，每天除了烧三大锅供大家喝的开水外，就开始跟着一位孙姓师傅学徒。

孙师傅手艺好，脾气也大。李荣春便小心谨慎地伺候师父。他比别人睡得晚、起得早，盛洗脚水、倒尿壶、灌开水，甭管有啥活儿都抢着干。半个月以后，师父才开始教他认皮毛种类。经历了对皮毛气味的不适应和皮肤的过敏症状，李荣春从狗皮、猫皮、兔皮、羊皮，到狼皮、狐皮、鹿皮、虎皮、豹皮……每天一点点听师父讲解，他把皮子的特性都记在自己的小本子上，晚上回去再反复揣摩。两年下来，他基本上认全了皮子的品种、分类和产地等，也知道了如何检查皮子的质量。

到了第三年，师父开始教给他缝皮子的技巧。这活儿看起来容易，其实有很多学问在。比如，剪皮子就要胆大心细，剪多了糟蹋皮子，减少了或者没剪到，就给后续工作添麻烦，或者造成质量不过关。缝皮子是皮行的基本功。缝的间隙大了，皮子的毛相互连接不上或者毛色花纹对不上，皮子就会很难看。缝的间隙小了，皮子皱皱巴巴不平整，毛也都搅在一起了。李荣春以前根本没干过针线活儿，连顶针都不会用。幸好有师兄手把手告诉他怎么弄。可就算这样，一天下来，李荣春也累得腰酸背痛、脖子发梗，手指被扎到更是家常便饭。但他相信没有吃不了的苦，一有空就钻进车间苦练剪皮和缝皮。一年下来，他的手艺竟然在几个徒弟中名列前茅了。

第四年，师父开始带着李荣春外出采购皮货。一路上，他一边照顾师父起居，一边帮着师父记账。他们去了东北、内蒙古、甘肃、河北、山东等地。李荣春跟着师父学到了很多皮货庄学不到的东西，他的记录本也已经记了好几本（李荣春一生记录了十几本技术笔记，可惜在“文革”中被抄走，下落不明）。

5年转眼间过去了，李荣春出徒了。他拿着掌柜给的三个银圆回到了老家看望父亲，并和邻村的李赵氏结了婚。

入宫献艺震动京津

两个月假期过后，李荣春回到京城，在皮货庄干起了伙计行当。一次，仓库货架上的一批狐皮被虫子咬了很多洞。他和师父用了十几天的时间剪裁缝补，为皮货庄挽回了重大损失。不久，孙师傅的哮喘病越来越重，出外采购皮货的活儿就交给了李荣春，这也练就了他做买卖的经验。一次，他与天津一家皮行达成了水獭皮和貂皮的买卖，然后奔赴青海、甘肃，用最低的价格购买了一批，大赚了一笔，把掌柜的高兴坏了。为了提高利润，他还为皮货庄增加了熟皮制作的进项，让皮货庄的生意日渐兴隆。

光绪十五年（1889年），李荣春已经在皮货庄干伙计7个年头了。老家来信说父亲病得不成了。李荣春赶紧请假返乡，埋葬了父亲，又叮嘱媳妇把3个儿子照顾好。

光绪十九年（1893年）9月的一天，皇宫里的一位小公公走进了福记皮货庄。他要找手艺最好的师傅进宫给老佛爷（慈禧）修皮氅。李荣春不敢去，岂料掌柜的架不住小公公施压，一个劲儿地劝慰一定没事。李荣春万般无奈，从口袋里拿出10块大洋交给掌柜的，表明如果自己回不来了，把钱寄回老家。然后，收拾了两件衣服，带上刀具，背个包就跟小公公上了马车。

进了紫禁城，李荣春被告知，皇太后慈禧有一件非常喜欢的貂皮大氅，是英国外交官送的，不小心被灯火烧了。公公说，明年是老佛爷的六十大寿，修好了有赏，修坏了脑袋就得搬家，需要什么尽管说。

李荣春吓出一身汗，他捧着那件紫色貂皮大氅，看着那个被火烧的碗大的洞，心里七上八下的。小公公又带着他到了广储司的库房找材料。他们一个房间一个房间地找，李荣春真是开了眼了，各种难得的海龙皮、水獭皮、貂皮都能看到，可惜就是没有和大氅相匹配的貂皮，颜料也没有现成的。

第二天，他开始小心翼翼地拆剪大氅，记住每一个位置，做好记号。大氅的外面缝制得非常精巧，虽然底板的缝线很密，但皮子表面却很平顺，缝儿与缝儿之间看不出任何痕迹，李荣春不由得感叹道：真是高手。

过了十来天，小公公手托两个帽盒来了，说是德龄公主和亲王从英国买回来的。李荣春接过帽盒，发现是一顶海龙皮的男帽和一顶貂皮女帽。难得的是女帽的貂皮和大氅的颜色竟然一模一样。李荣春问明是德龄公主敬献的可以随意使用，便跟公公说：“我可以干活了。”

李荣春将女帽拆开，帽子上有用的部分尺寸都比较小，没法直接补上大洞，必须裁成条形，接长、补宽，他用师父教的人字刀法，采用直刀和横刀交替把皮子分割开。这个活儿对刀法要求极细，每刀不能超过两分，下刀不准确或者缝制不当，就会毁掉皮子，前功尽弃。李荣春不敢马虎，他每做一道都要认真地查看和比对，一直忙了十几天，他终于把补料整理好了。

下一步是如何往大氅上补洞。皮子是方形的，洞是圆的。他先将洞的边缘部分按照几分的尺寸剪成有直角的锯齿状，再将小块皮子对接，一分一分地连接，把周边缝好后再处理中间的，这叫咬口刀法。就这样，李荣春边琢磨，边下刀，边缝制，足足用了一个月的时间将大氅的洞补完整了。修好的皮面看不出半点缝隙，绒毛平顺、手感滑腻柔软。

接下来是刷色，貂皮的刷色很难，刷重了会把毛针顶部的白针盖掉，刷轻了，毛色不匀，影响美观。李荣春用毛刷将皮氅整个刮了一遍，然后用调制好的颜料慢慢地刷，用力轻且匀，又用了十几天的时间把大氅刷完、晾干。整修后的大氅完全变了模样，毛皮鲜亮平顺、毛针闪闪。他又请公公讨来了皇上写的万寿无疆四个大字，他小心地用红字绣在了黄缎衬里。就这样，李荣春用了两个月的时间完成了这个“走钢丝”的差事。

大氅递上去后大获圣宠，李荣春婉拒宫里留用。没承想，谕旨却赏赐了他一件黄马褂、100块大洋和一块御笔题写的匾额，李荣春赶忙叩谢皇恩，带上行李返回皮货庄。

誉满京津创建皮局

回到皮货庄，李荣春被所有人围了起来，问长问短。当他把黄马褂拿出来的时候，掌柜的激动地捧着黄马褂，让众人去北屋设供桌跪拜，又给了李荣春几个月的假期。

李荣春辞别皮货庄的师兄弟，雇了辆马车，直奔老家而去。到了家他才知道，当地官员正领着人给他盖新房呢。乡亲们也都过来帮忙，料钱、工钱李荣春一并付清，房子也很快就建起来了。腊月二十八这天，县令带着一班乡绅，浩浩荡荡来到李家镇，镇里比过年都热闹。

县令把御赐的匾额挂在了李家门楼正上方，又带着李荣春回到县城，接待一番后才送回。此后，镇里认识不认识的都到李家来拜见送礼，李荣春都要接待，一直过了大年十五才算消停。李荣春把新家收拾一番，又买了十亩地，才回到北京。

此时，李荣春进宫获赐黄马褂的事情，早已从皮货庄传遍了京津皮行。各商号、买卖关系户都等他回来见面。掌柜的一直盼着他回来。为了买卖，掌柜的带着他东家西家地应酬了月余。刚停下来，天津皮货庄的大掌柜又来信让他到天津见面，李荣春在天津见到了师兄和师父。

光绪二十六年（1900年），八国联军攻陷北京，皮货庄的买卖也暂停了，李荣春回到老家过了三年安稳的日子。

光绪二十九年（1903年），李荣春把14岁的三儿子李桂林送到了天津大师哥那里当了学徒。回到北京，向皮货庄老板提出了自立门户的请求。掌柜的知道留不住，便和他商量好，所有皮货都由货庄供给，李荣春一口答应。他租下了东珠市口的两间平房，从货庄带出一个师兄、两个徒弟，小店很快打开了局面，来料加工不断。

5年后，李桂林出徒来到北京，专门负责店里的高档皮帽制作，并给小店起名“恒隆领袖皮局”。宣统三年（1911年）天津盛锡福在东单建新店。掌柜的邀请李荣春来店里干二掌柜，李荣春婉拒，但和盛锡福签订了合同，给做皮帽的来料加工，这样一来，皮局就增加了一笔固定收入。

几年后，李荣春六十大寿时宣布，将皮局传给了儿子——李桂林。

（本文内容参照李俊英著《百年工匠风雨荣归》）

第二节

第二代传人

盛锡福皮帽制作技艺第二代传承人：李桂林

李桂林是国家级非物质文化遗产盛锡福皮帽制作技艺的第二代传承人，他在天津学徒，在北京与父亲合力经营“恒隆领袖皮局”；他以制作高档皮帽享誉京城，在乱世中将家族技艺带上新高峰。

父子联手获题字

李桂林，字馨轩，光绪十四年（1888年）生于山东省宁津县李家镇。从小与母亲、两个哥哥和长工宽头一起生活。父亲李荣春是京城著名的皮匠，不经常在家。但母亲听从父亲的建议，三个孩子从小都在学堂读过书。老三李桂林尤其聪明好学。

◎ 李桂林师傅 ◎

14岁那年，李桂林被父亲送到天津大师伯的皮货庄当学徒。小桂林记得父亲临行前对自己讲的：“你要把做皮帽的手艺学到手，将来我要在北京开皮帽庄就靠你了。跟你师父说好了，学徒五年，出徒后，回老家娶媳妇，你娘给你定下了亲，然后来北京帮我做买卖。”年幼的小桂林懂事地对父亲说：“您放心，我一定跟师父好好学手艺，绝不给您丢脸，一切都听爹的。”就这样，李桂林与父亲一样走上了在皮货行摸爬滚打一辈子的人生之路。

20世纪初的天津，是与上海、武汉齐名的商业重镇，更是中外商业、文化会聚之地。西方生产生活方式快速渗透，国内改革的呼声风起云涌。尤其是新思想、新文化更是伴随着李桂林懵懂的青春岁月，也造就了他开朗的性格、开阔的思路以及灵活多变的生意头脑。

5年学徒期满，19岁的李桂林回到父亲位于北京的皮货店。李桂林给皮货店起了一个响亮的名字“恒隆领袖皮局”，皮局所在的小院摆满了大大小小的木板，木板上用小钉钉满了撑开的皮子；走进小屋，一间屋子里放着一个很大的案板，用来手工切割各种皮料，另一间屋里放着各种帽盒，以及制帽的各种工具、模具、刀具等，李桂林和父亲在这里干活，他们俩专门制作高档皮毛加工品。

盛锡福来京后，李桂林又与盛锡福签订来料加工合同。过了一年，清帝溥仪退位。大街小巷的人们剪掉辫子、摘掉瓜皮帽，盛锡福的帽子因为质量好、款式新，被各界社会名流追捧。大批订单涌向盛锡福，恒隆领袖皮局的加工活儿也是堆积如山。这一段是民国皮毛行业的鼎盛时期，也是手工业迅速发展的时期，更是小手工业作坊最为兴旺的时期之一。

守护民族手工业

1923年，李荣春六十大寿的时候，将北京的生意放心地交给了李桂林。李桂林将父亲送回老家奉养，带着儿子李文耕回到北京。

此时的李桂林意气风发，他既有令同行赞叹的手艺，他的皮局又有着多年形成的良好口碑。他尤其佩服盛锡福帽店，从一间小小的帽店发展成了民族手工业的代表，不仅在国内赢得口碑和市场，还在国际博览会上获得大奖。李桂林也开始广开思路，一来，扩大经营范围，除了京城盛锡福的来料加工外，他还和京城其他皮货庄乃至河北、山东、内蒙古、东北等地都有生意往来。二来，他在用人方面很有心。由于父辈师傅们的年龄都比较大，他从各皮货庄高薪聘请了几个技师，让技师把好制作的各个环节，又从老家亲戚中招收了五六个小青年当学徒，皮局在他的带领下买卖越发兴隆。

此外，李桂林对裁制皮毛的刀具也进行了改进，在父亲用过的直刀、斜刀、顶刀等刀法的基础上，增加了人字刀、月牙刀、梯字刀、弧形刀等，使技师们在裁制皮帽时更加得心应手。他在制作高档皮货方面下了不少功夫，收集了国内外有关皮帽、皮衣等的画报、照片及模具。他还将皮局进行了重新布局。四合院朝南靠大门的两间房接待来料加工、皮料加工和放账柜，朝北的一间用来剪裁和加工普通皮货成品，另一间专门制作高档皮货成品，西厢房存放各种帽盒、帽架、帽钩及工具，而东厢房是宿舍加厨房，他和儿子就住在制作高档皮货的房间。

民国时期战争频仍，给近代中国带来的苦难无疑是深重的，商业凋敝，交通梗阻，金融恐慌，令各地商人胆战心惊。北京商业界成立北京市商会，为在乱世中的北京商家求生存，商会往往要动用各方力量呼吁和平，维持地方秩序，消弭金融风潮，尽力使北平商业不致因动荡而萧条。李桂林是商会的常客，作为年轻人的他也是商会的生力军。有一天，大家谈起了国外洋机器的厉害，都担心中国的民族工业尤其是本小利薄的手工业会被洋人冲垮。李桂林却说："机器技术总不可能全代替手工技术吧，像我做皮帽，那么多工序和刀工，裁制和缝制又那么复杂，机器怎么能代替呢？我觉得只要我们把好质量，它是冲不垮我们的。"李桂林的爱国热情感染了众人，会长听了也非常激动，站起来向大家讲："馨轩（李桂林）说得很好，引进西方机器的是少数。现在民国老百姓的吃穿戴还是靠你们商家手工生产的产品，这是咱们民族的根。你们许多老店都有几十年甚至上百年的奋斗史，精湛的手艺都是祖辈传下来的，大家要守好这块阵地，不让机器技术冲垮咱们中华手工艺的防线，一定要把技艺传给后代，在世界上占领一席之地。"随后，会长写了一幅书法作品"发展中华国货，努力本国工业"。李桂林和大家备受鼓舞，把心思都扑在了提高质量、确保经营上。

风雨飘摇撑家业

没过几年，父亲去世，李桂林内心常感悲痛。又过了5年，李文耕出徒回到了皮局。儿子的相伴，让李桂林内心甚是宽慰。他让李文耕负责细毛皮货的活计，并协助自己经营皮局。李桂林觉得应该将父亲李荣春的高超手艺和经验总结下来，他将父亲的工作日记和自己的实践经验相结合，把各种皮货的种类、产地、性质、表皮、上色、用料等进行归纳，他一有空就和儿子讨论如何识别毛皮、如何加工毛皮、如何制作皮帽和皮衣等，父子俩沉浸在手艺探索当中自得其乐。

就在此时，山东老家来人，说李荣春的“丘子坟”被人挖开，头颅被人取走，扬言要钱赎头。李桂林认为此事不简单，他安排儿子在京守住皮局，一个人孤身赶赴宁津县城。

来到县城，李桂林没有回家而是住在旅馆，找亲人过来商量解决的办法。在当地名人宋九玉举人的帮助下，李桂林找到县长相助。县长非常重视，责成警察局尽快破案。很快他们就排查出李家有一个不争气的远房亲戚勾搭上了西山鹰嘴岭的土匪。警察局在江防桥布疑阵，一举全歼了这股土匪，不仅找到了人头，还救出了一些被绑架的妇女，周围乡村的百姓对此拍手称快。然而，母亲却因该案的刺激悲痛离世。县长亲自来到李家，表示县里决定给老爷子出大殡，从李家到县城全县哀悼，这是对周边土匪的震慑。就这样，李桂林为双亲举行了合葬，嘱咐妻子李高氏做好搬去北平的准备，就赶回了北平。

1937年7月，日本人攻占北平。城里人心惶惶，街上死气沉沉，皮局的生意也一落千丈，店里20多个伙计最后只剩下了8个人，李家父子带着技师伙计们在日本人的铁蹄下艰难地干活度日。想着北平总比乡下安全。李桂林让儿子悄悄回乡，把家人接了过来，顺便还带来了几个青年学徒。

1939年的中秋节，按老北京人的习俗，要去庙里烧香拜佛。李高氏带着身患肺病的女儿李文坤，去花市大街的蟠桃宫庙会祈福，不想竟赶上了日本人当街杀人，李文坤受到惊吓，回到家中没多久就去世了。全家人伤心不已，把家搬到了宣武门后河沿。

1945年抗战胜利，本以为能过上好日子的李桂林，没想到刚过了几天安稳日子，内战爆发了，国民政府金融崩溃，物价飞涨。老百姓日子都过不下去，更别提买皮货了。皮局没活可干，养不起那么多人，只好告诉大家每人五块银圆、皮局解散，几辈人辛苦攒下的基业就这样垮了。李桂林安慰儿子：“别伤心，过几年等形势稳定了，咱们再干起来。”他让儿子带着两个侄子找认识的商家干点零活儿，自己收拾出家里的存货和旧衣服，背到天桥摆摊补贴家用。

不想，国民党的残兵和伪警察在城里横行霸道，一天同院的王先生被抓走了。李桂林敏感地和儿子说："看来，警察盯上这院儿了，咱们得搬家。"李家用所有家底凑了5根金条，在前门大街大蒋家胡同购买了一套四合院，于1948年全家搬了过去。中华人民共和国成立前这几年也是李家最困难的几年，父子俩盼着北平的解放。

1949年北平解放，北平的百姓迎来了春天。不久，儿子李文耕去国营单位上班，儿媳妇李秀萍也在皮毛厂上班了。一家人吃穿都有了保障，李家迎来了难得的平稳生活，李桂林非常欣慰。闲暇时，他喜欢听京剧，再有就是整理好多年没动笔的技术总结手稿，他想写成书传给后代。

1965年6月的一天早上，李桂林刚一起床就感到头晕，瘫坐在床边，等家人赶过来，他已经不省人事了。孩子们急忙将他送到天坛医院，可惜老人还是离去了，也结束了他为皮帽技艺奋力拼搏的一生。

（本文内容参照李俊英著《百年工匠风雨荣归》）

第三节

第三代传人

盛锡福皮帽制作技艺第三代传承人代表：李文耕

1911年生于山东省宁津县李家镇的李文耕，生于皮货手工艺世家，长于动荡年代，青年时代与父亲勉力维持家族生意。中华人民共和国成立后，作为手艺人，积极投入国家建设。抗美援朝期间，他与全家合力为志愿军赶制皮帽。人过中年时被调入盛锡福帽厂，又多次为党和国家领导人以及国际友人制作皮帽，技艺广受赞誉。他是国家级非物质文化遗产盛锡福皮帽制作技艺第三代传承人中的代表。

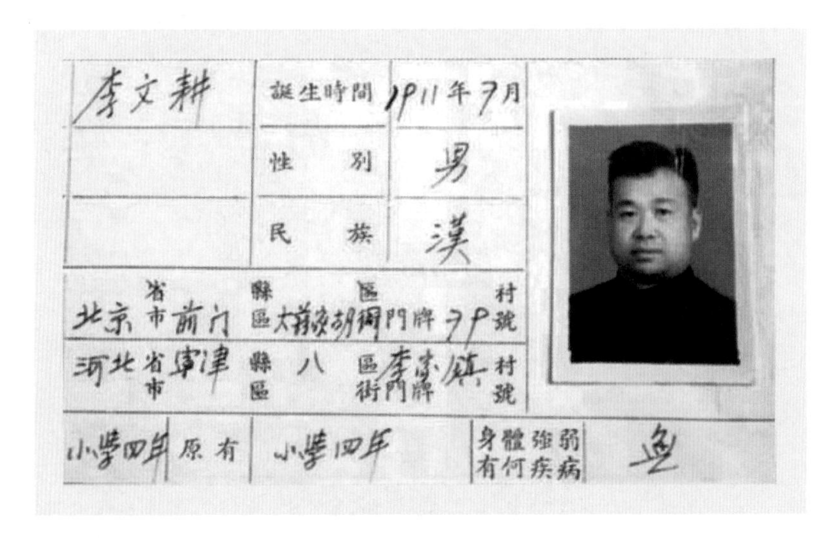

李文耕	誕生時間	1911年7月
	性　别	男
	民　族	漢

北京 省市 前门 縣區 大[illegible]胡同 區 門牌 [illegible] 村號

河北 省市 宁津 縣區 八 區街 李家镇 門牌 村號

小学四年	原有	小学四年	身體強弱有何疾病	無

◎ 李文耕师傅 ◎

负重前行只盼岁月静好

“传承”似乎是李文耕人生的关键词。作为独子，要传承李家的血脉；作为少东家，要继承爷爷和父亲的手艺和家业；作为一代制帽大师，要承担起盛锡福皮帽制作技艺发扬光大的责任……颠沛的岁月磨砺了他执着的性格，他也用生命的韧性增添了人生的成色。

李文耕从小在家念私塾，12岁随父亲进京。离乡前，爷爷李荣春做主给他说了一门娃娃亲，是邻村张家的闺女，叫秀萍，和文耕同岁。13岁时，他被父亲送到京城德兴永皮局，重点学习细皮毛裁皮技术和洗皮染色技术。5年学徒期满回到恒隆领袖皮局。父亲处理祖父头部被窃案时，李文耕在京守住了恒隆领袖皮局的生意。

1937年日本军队攻入北平，恒隆领袖皮局员工走了大半，李家搬到了珠市口大街三里河，皮局只剩下8个人，勉力维持。李文耕回乡把母亲、妻子、一双儿女一起接回北平。

1945年8月，日本投降。大家都到街上放鞭炮欢庆、烧日本旗、揪汉奸，多年压抑的愤怒和仇恨终于得到释放。老百姓抱着美好的愿望，开始筹划自己的小日子。恒隆领袖皮局又开始帮盛锡福做来料加工活儿，市面上来店定做皮货的顾客也多起来了。恒隆领袖皮局又恢复了往日的景象，李文耕一时间看到了希望。

可是好景不长，国民党撕破了国共协定，内战爆发。为了打内战，国民政府设置各种苛捐杂税向老百姓摊派，一时间民怨沸腾，北平城市政一片混乱，处于无政府状态。恒隆领袖皮局入不敷出、被迫解散。

1949年2月3日，装甲车、炮车队、骑兵队、步兵队……浩浩荡荡地从永定门向前门进发，解放军在前门箭楼举行了入城仪式。过了几天人民政府发布公告，告诉大家除了汉奸、恶霸、反革命分子之外，其他人都可照常生活，商店照常营业，解放军保护人民的生命财产。李文耕和家人都感到百姓这回有救了。

国家的事手艺人要尽心

1950年9月的一天，在良乡的一个徒弟带着一位解放军同志来到李文耕住所。原来是解放军听说李家皮毛做得非常好，部队要去朝鲜打仗，天太冷需要赶制一批皮帽，活儿要得很急，一星期必须做好，解放军同志和蔼地说：“大爷，您看能支援一下吗？”李桂林一听松了口气说：“没问题，我们加班加点也要为抗美援朝出力，我们不要钱，义务给解放军做皮帽！”

解放军同志笑着说：“不会让您白干，我们会按照市价给您钱的。您按照我们的材料能做出多少就做出多少，回头我们来运走。”临走解放军同志拉着李桂林的手说：“谢谢大爷的大力支持，政府是不会忘记您的。”

第二天，徒弟扛着两个大箱子来到院子，打开一看，箱子里都是皮货，大多是狗皮、狼皮和羊皮，另一个箱子里除了皮子，还有一件长毛绒大衣。

这批活儿时间紧、皮子零散不规整，李家赶紧把全家集结起来。两个侄子负责整理皮料，把不能用的皮剪掉，尽量节省材料。张秀萍负责缝皮，再把羊绒大衣拆掉，把大衣里子洗干净做帽子的里子。李文耕负责皮帽的剪裁，型号就按照常规的尺寸做。李桂林负责总的装配成品。李高氏则帮忙四处找绒布，为的是让帽子再暖和些……

小院里一时忙得不可开交，李文耕费尽心思把能用上的皮料全部用上。李桂林老当益壮组装起帽子干净利落。李高氏给大家烧开水做饭。小俊英帮忙搬皮货、带弟弟妹妹，连李文耕上中学住校的儿子金钟周日也回来帮忙。晚上大家也不歇着，谁累了就趴在桌上眯一会儿。李文耕和家人都是一个心思——人民政府信任咱们，咱们日夜赶工也得保质保量完成任务。就这样，7天过后，他们竟然用有限的皮料做成了62顶皮帽。

手艺人的事国家给管了

1953年起，全国开展合作化运动。北京皮行成立了皮毛合作社，李文耕也进入合作社工作。第二年又转入北京皮毛厂。过了不到一年，车间主任找到李文耕，告诉他上级要调他到盛锡福帽厂工作。

就这样，43岁的李文耕成为盛锡福的正式员工。李桂林听说后，嘱咐儿子好好干。“咱们不用费时费力地去招揽加工活儿，就能过上安稳日子，真是想不到啊！你和秀萍就安心上班吧，家里有我和你娘呢。”

1956年，王府井盛锡福帽店实现了公私合营，周恩来总理到王府井视察，亲自过问了北京盛锡福的经营和发展，并且做出指示：“要保持和发扬老字号的特点，更好地为首都人民服务。”当时的区政府以最快的速度进行落实。同年，盛锡福帽厂在八面槽韶九胡同19号正式开工生产，盛锡福走上了一条为全社会服务的新路。

20世纪70年代末，盛锡福每年制作各种帽子两三千顶，李文耕亲手制作的高档皮帽就有二三百顶，不仅满足了国内的需要，还远销海外，为国家赚取了外汇。

1982年，70多岁的李文耕一眼看中了刚进厂不久的李金善，他找到厂长商量要收李金善当徒弟，以免手艺失传，厂里非常支持。就这样，在他的悉心教授下，李金善全面掌握了师父识皮准、裁皮优、上色美、用料省的四大绝活儿。这也成了李文耕晚年最欣慰的一件事。

1985年，李文耕把李家几代人的手艺留在了盛锡福帽厂，把他一生的绝活儿传给了徒弟，从一线光荣退休。1995年，他因脑血管疾病逝世于北京，享年83岁。

（本文内容参照李俊英著《百年工匠风雨荣归》）

第四节

第四代传人

一、盛锡福皮帽制作技艺第四代传承人代表：李金善

李金善是国家级非物质文化遗产盛锡福皮帽制作技艺的代表性传承人，他改良了盛锡福皮毛、皮帽裁剪技术，提高了工作效率；他编写出了《皮毛、皮帽裁剪制作工艺流程》一书，使制帽工艺流程更加标准化。

◎ 李金善师傅正在观察皮张 ◎

李金善于2009年被认定为国家级非物质文化遗产项目代表性传承人。近年来，李金善改良了帽子制作工具、创新了款式，随着盛锡福中国帽文化博物馆被列为实践教育基地，他还经常给孩子们讲解中华传统制帽工艺。2010年，“李金善皮帽技艺传承创新工作室”挂牌成立；同年，他被授予全国五一劳动奖章。近年来，李金善连续被授予北京市有突出贡献高技能人才、北京市商业服务业中华传统技艺技能大师、北京市老字号工匠等荣誉称号。

制帽就像对待自家孩子

盛锡福中国帽文化博物馆原位于东四五条，穿过营业厅后门，才能看到博物馆的真容，颇有大隐隐于市的意思。这座2010年6月完成一期建设的博物馆，详细记述了盛锡福自1911年创建至今，从享誉海内外的“帽业专家”到被列入“国家级非物质文化遗产”的百年发展历程。“李金善皮帽技艺传承创新工作室”就曾位于博物馆后面的平房里。

◎ 李金善成为国家级非物质文化遗产项目代表性传承人 ◎

而今，“李金善皮帽技艺传承创新工作室”已经搬到位于北京新中国儿童用品商店四层的盛锡福制帽车间的一隅。工作台前的李金善总是戴着眼镜、聚精会神地刺着皮子，工作台上整齐地码放着十几块皮子，各种制作工具一应俱全，还有几个未完工的皮帽套在盔头上。展示柜里排列着十几顶热销的帽样。工作室墙壁上挂满了各式各样的熟皮，走近了还能闻到一股皮子弥散出的味道。

李金善常说，盛锡福皮帽制作工艺流程复杂，是历代的制帽师傅通过对生产经验长期的积累总结得出的技术成果，这些手工工艺具备机械制造无可比拟的优点。每加工制作一顶皮帽，通常都要经过十几道工序处理。李金善灵巧的双手和行云流水般的娴熟手艺，总让人叹为观止。这些复杂而又严格的制作程序使盛锡福皮帽成为外形美观、端雅大方、考究精致并穿戴舒适的帽中精品。每次制作完成一顶满意的皮帽时，李金善看帽子的眼神就像看着自己的孩子。

皮帽绵延一份“传承”

今年65岁的李金善是土生土长的老北京，1955年生人，兄弟5个，他排行老二。1973年，18岁的李金善随同学一起到京郊农业学大寨典型的平谷许家务大队插队，看场院、看果园、为果树剪枝……插队经历给他留下的大多是美好的回忆。

15个月后，李金善从北京郊区插队返城，在东单的一个小平房等待分配。据他回忆，当时现场的一二百人，谁也不知道自己被分到哪儿。李金善报到之后，被安排站在一个队伍里，直到听见有工作人员喊“盛锡福的领走”，李金善才知道自己被分到盛锡福了。当时盛锡福属于东城区百货公司。

被分配的当天，李金善第一次走进了位于王府井的东风市场附近的盛锡福总部。因为表现好，李金善进厂不久就开始担任公司团支部书记，工资还破例涨了一级。1976年，他在单位的推荐下进修学习了一年。就在他进修刚回来时，领导找到了他，原来盛锡福负责刺皮子的李文耕师傅快退休了。李文耕家祖孙三代的皮毛裁制技艺，不能没有传承。“你去学刺皮子怎么样？”领导的一句话，让李金善跟皮毛打了几十年交道。

“手发痒，腰酸疼，浑身上下不自在，干会儿就得出去遛个弯儿，对毛皮过敏还打过一年的脱敏针。”提起当年学徒的事，李金善说自己可没少受罪。至今，李金善的食指还是有点外翻。医生说是长期捏皮子造成的肌肉损伤。

李金善记得，直到缝出来的针脚都跟鱼鳞般整齐时，师父才肯教他“刺皮子”的绝活儿。“动物皮毛大小不可能统一，经常是够长不够宽，为了让皮子符合做帽子的需要，就要通过‘走刀’，将过长的部分像拼七巧板一样拼到需要的部分，然后再将皮子按要求细细地缝接在一起，看起来和一张整皮一样。”李金善常说，“皮子珍贵，得会刺，同样100张皮，不会刺的就刺100顶帽子，会刺的刺120顶，一张皮子1000块钱，这可差不少钱呢。”

除了剪裁缝补皮子，买皮子也是必须要会的。湖南、内蒙古、东北、河北，李金善都跟师父去过。1980年，李金善和师父去长沙收货，坐了两天两夜的火车。当地饭菜太辣，爷俩实在没辙了，每顿饭只买米饭，就着咸菜吃，前后一共去了十多天。“买皮子是最艰苦的活儿，都是从猎户或者皮贩子手里进货。一屋子几千张皮子，要一张张挑，屋里又是味儿，又是油。站累了，甭管蹲着、跪着也得把货都看完。”李金善回忆道。功夫不负苦心人，常年的积累使他对不同毛质、皮板的特点了然于胸。师父退休后，盛锡福每年上万张皮子，都是李金善从产地一张张挑的。狐狸、水貂、旱獭、黄狼、麝鼠、海龙……他一搭眼就知道是什么货色。

在继承传统中谋求创新

凭着一手绝活儿，李金善成为“盛锡福”第四代皮帽制作技艺传承人。李金善并不满足于掌握传统款式制作工艺，他一直想着怎样才能有所创新。

为此，他可下了不少苦功夫，业余时间别人休息，他就走访市场、参观展览、翻阅专业资料，掌握流行趋势，了解现代审美理念。李金善认为，随着大众审美的变化，帽子的功能也由原来的保暖为主变为以

◎ 李金善获评北京老字号工匠称号 ◎

文化礼品、装饰点缀为主，同时，顾客群体也在年轻化。李金善还有个“职业病”，平时看见别人戴的帽子有意思，总要盯着多看几眼。2012年冬，李金善坐41路公交车上班时，看见一个女孩子戴着顶红帽子，“非常俏”。回到单位，他根据记忆很快画出了草图，而后加入了镂空的制帽技术，并在帽顶部位进行了改良，一顶颇具民族风的新帽子就诞生了，李金善给这顶帽子起了个绚丽的名字——“红宝石”。“红宝石”不仅成了盛锡福当年的热销帽型，还在北京市商务局的评比中获了奖。不仅如此，近年来，李金善把盛锡福传统特色与现代时尚融为一体，在保持其传统的基础上，结合现代审美观念，在皮帽的样式、花色、材质上不断创新，设计出“水貂女帽”“水貂船形美式帽”“海豹前进帽”等70多种中高档皮帽新帽款，广受市场好评。

近几年，李金善还为北京宋庆龄故居、北京故宫博物院修复、复制了相关文物。有好多皮毛工作人员都不认识，只好请他去识别、鉴定，一些文物级皮毛制品受损，也会请他出手帮忙。

2010年，百年老字号盛锡福帽业迎来了一件大喜事，李金善皮帽技艺传承创新工作室正式挂牌。李金善开始肩负传授手工制作皮帽传统技艺的任务。他改良的皮毛、皮帽裁剪技术，提高了1/3的工作效率，为企业节省皮革180多张、资金30多万元。李金善还是一个在实践中重视积累和总结经验的人。他不但把30多年的工作实践加以总结，编写出了《皮毛、皮帽裁剪制作工艺流程》，使制帽工艺流程更加标准化，还手把手给职工讲解知识和技术要领，把自己的裁剪绝活儿毫无保留地传授给徒弟，使他们成为企业的技术骨干。为老字号的发展、企业经济效益的提高做出了突出的贡献。

二、盛锡福皮帽制作技艺第四代传承人代表：施法钰

施法钰在北京盛锡福工作的23年，是盛锡福业务发展最快的时期之一；他不仅是盛锡福皮帽制作技艺第四代传承人代表，还曾担任盛锡福的管理、经营主要岗位；无论在国企体制内，还是自己出外打拼，盛锡福的工匠印记一直伴随着他。

◎ 施法钰师傅正在制帽 ◎

生活教会他针线活儿

1952年，施法钰生于北京。他有两个哥哥和一个姐姐，家里除了他，都在公交相关行业工作。

施法钰两岁半时，母亲不幸去世。打懂事起，他就被教育自己的事情要学着自己做。小学五年级时，他就可以自己一个人翻洗棉袄了。与现在不同，当时翻洗棉袄需要先把棉袄的线拆开，只洗布面，晾干后再把棉花絮进去、缝上。“没办法啊，每天父亲上班、哥哥姐姐们上学，而且哥哥姐姐也没比我大多少，只能一切都自己来做。不过，后来店里看上我也是因为手针活儿做得好。”在施法钰看来，生活的磨砺让他从小具备了很强的动手能力。

施法钰不仅从小干活勤快，更是一个心细好琢磨的人。14岁时，父亲就把家交给他管理了，那会儿一个月给他50块钱，全家要过一个月。他精打细算，有时为了省一毛钱，会走到神路街买便宜菜。早早持家的经历，也为他后来进行管理经营工作打下了基础。

20世纪60年代开始，施法钰没有参加上山下乡，毕业就被分配到北京市东城区一商局，即后来的北京市东城区百货公司。

当时的北京盛锡福帽厂叫前进鞋帽店。因为“文化大革命”，厂子多年没进人，此前的第一批员工是1970年12月底进的厂，施法钰是第二年11月8日入厂，时年19岁。除了这两批青年技工外，厂里都是建厂时就在的老师傅。其中，便帽组以北京制帽厂调入人员为主，花帽组以天坛帽厂调入人员为主，而皮帽组的师傅则是公私合营期间，从过去为盛锡福做活儿的私人帽庄过来的，李文耕、贾宝珍是其中名号最响的两位师傅。

肯吃苦才能有长进

施法钰一进厂就被分到皮毛班，跟皮毛班的班长马师傅学习盔楦。盔楦讲究上浆均匀，烫熟胎时不要烫煳，要烫成金黄色，蒙面时要对准底子前后缝，如果没对齐，配上皮子就歪了。所以这个工序挺重要，也最基础。刚刚学了两周的时间，赶上备战备荒，他和一半年轻工人又被叫到砖厂去烧了三个月的砖，由于表现突出，他入团了。

从砖厂回来，施法钰才跟了贾宝珍师傅专门学习做皮帽的手艺。施法钰回忆起自己当时跟师父的工作台对着，一干起活儿来就是脸对脸，这样有问题随时可以直接问师父。

在他眼中，贾宝珍是一个工艺精湛又十分低调的人，但对于徒弟的手艺，要求却非常严格，他相信熟能生巧。拿缝皮子来说，贾宝珍让施法钰用水獭皮的边角料练习，施法钰缝完了，师父又刺开让他继续缝，直到缝出满意的样子为止。师父总是告诉施法钰：要肯吃苦，艺多不压身。

◎ 施法钰（左二）跟着师父贾宝珍（右一）参加活动 ◎

每年一过正月十五，施法钰就跟着师父们到河北等地收皮子。当时肃宁卖羊皮、狗皮等糙皮的多，河北蠡县则有水獭皮、貂皮出售，他们去得比较多。据他回忆，那时候从银行到政府各方面都挺支持盛锡福的。由于当地市场全部是现金交易，但河北的银行一次不允许提出这么多现金。经过申请，北京本地的银行特批盛锡福一次可以提30万现金。那时候30万现金是个天文数字，帆布手提袋得装四大袋，里面最大的面值是10块。

每次送款的时候，公司会计、银行派来的职员，再加上公司工作人员，最起码得六七个人，一起押着款去。皮毛组比较辛苦，在当地一住最起码得个把月，那会儿没有旅店，只能住在收货站点，睡觉的地儿同时也是库房，皮子就放在床底下，或者码到墙边上，一般人在屋里熏得根本睡不着觉。

为了干活时衣服不粘毛，他们都穿劳动布的衣服。但即便如此，衣服还是经常“受伤”，尤其是裤腿经常是油乎乎的。原因无他，生皮收过来，都是毛在里边卷着，残存着血肉的皮面都翻着朝外，虽然都放到袋子里，但装车的时候，动物脂肪会从袋子里面渗出来，鞋和裤子就遭殃了。施法钰不在乎这些，他觉得收皮子能学到不少东西，经常负责押车。

就这样，施法钰很快就出徒了，并且成为部门的主力。20世纪70年代，他和师父一起替天津盛锡福做过一个海龙解放帽，还获得了一个国际奖。

看淡起伏为了走得更远

24岁时，施法钰开始担任车间副主任；27岁时，他又擢升为主管生产经营的副厂长。除了厂务工作，他还带了马启斌、田虹两个徒弟。不过由于组织生产、参与销售、原料采购等工作缠身，他带徒弟的时间经常被压缩，好在贾宝珍和厂里其他老师傅经常帮忙。

20世纪70年代末至80年代，盛锡福迎来了最火爆的一段时期，最热销的要数羊剪绒帽子。每天早上6点，天才蒙蒙亮，商店门口就都是人了，根本不敢开门。当时王府井盛锡福帽店门外有一道能推拉的铁栅栏门，盛锡福的经理亲自坐镇，栅栏门里面的人先接过塞进来的23块钱，然后再往外递一顶帽子出去。

各个商店进货的人也骑着三轮车、拿着大包在门口等着，西单盛锡福和前门盛锡福的业务员来了也一样，每家也得给一二十顶。可是那时候盛锡福一天出不来那么多皮帽，为了提高效率，帽厂专门组织两组人手处理帽瓣儿，配合皮毛、皮帽组工作，终于一天能出100顶，基本满足了市场需求。

每年盛锡福的全国订货会，全国各地盛锡福厂家和各地商场都来订货，一次就得15000顶左右。客户下单了，北京盛锡福再去准备原料，组织生产。最红火的时候，北京盛锡福在怀柔有两个分厂，固安有一个分厂，邯郸一个分厂，山东邹县一个分厂，其他地方还有很多合作伙伴。这些分厂和合作方都用盛锡福的质量标准进行加工生产，例如固安是专做皮帽的，怀柔是专做皮毛的。可盛锡福的帽子还是经常供不应求，为此施法钰没少费脑筋。

1993年，施法钰因病离开了盛锡福公司，他在人生新的赛道上获得了另一番精彩。如今看淡起伏的他，始终未放弃手工制帽的手艺。在他位于东四南大街的办公室里，仍然保留有一整套制帽设备。年近70岁的他，家里小孙子的针线活儿还总是亲力亲为。谈到盛锡福皮帽技艺的传承，他认为皮帽技艺是盛锡福压箱底的东西，应该一直传承下去，希望各方对盛锡福给予更大的重视力度。

第五节

第五代传人

一、盛锡福皮帽制作技艺第五代传承人代表：马万兰

她生于匠人世家，从小受到父母的熏陶；在盛锡福工作的32年，她以精湛的技艺为盛锡福的繁盛做出了贡献，被北京市总工会授予“北京市经济技术创新标兵”称号，并多次获得区级、国资委系统的荣誉。作为盛锡福皮帽制作技艺承上启下的一代，已过退休年龄的她，至今仍关心着这项技艺的未来。

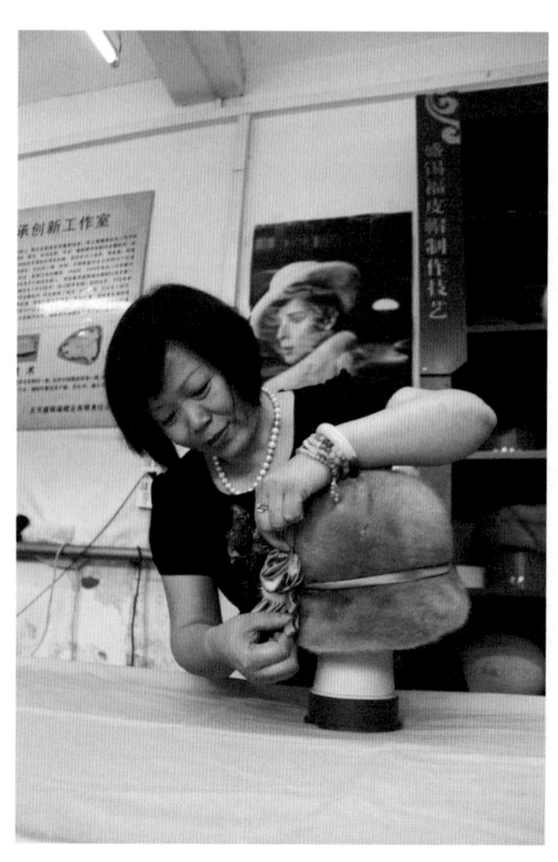

◎ 马万兰师傅在制作皮帽 ◎

“匠二代”接班更是接责任

2020年3月28日，正是春寒料峭、乍暖还寒的时节。在北京市文化和旅游局与《北京日报》客户端联合推出的“抗击疫情北京非遗公开课”上，盛锡福皮帽制作技艺的第五代传承人马万兰师傅正在教授帽饰“蝴蝶结”的制作。做了一辈子帽子的马万兰，如今仍希望这份心爱的手艺能够为社会发光发热。只要有机会，她就会去推广技艺。

1967年，马万兰出生于一个手艺人之家。马家一共4个孩子，马万兰排行老三。上面有哥哥、姐姐，底下还有一个妹妹。父亲马殿富十几岁就投身皮货行，在盛锡福皮帽制作车间一直做着全活儿的工作，师从贾宝珍师傅。母亲曾为一位苏联在华企业家做过管家，设计能力、手工制作能力极强。

学校毕业后，因为喜欢画画，马万兰跟着工美学院的杨乃慧老师和胡树梅老师学做北京绢人，那时的绢人眼睛、鼻子、嘴全是用真丝面料手工缝出来的，不像现在多是机器压出来的。马万兰的手工和绘画经常受到老师的表扬。此后，她又到了顺义当地一家有名的针织厂上班，做服装设计工作，因此，她至今仍保留着当时的服装设计专业证书。

1987年，父亲办理退休之际，单位提出可以让孩子“接班”。此时，家里4个孩子，老大老二已经就业，老四正在上大学。传承手艺的责任自然只有马万兰来承担了。就这样，1988年1月，马万兰从顺义来到盛锡福接过父亲的班。

“感谢信”是最好的认可

马万兰来到盛锡福，先跟着一个张师傅，学了个把月的择帽壳，之后就正式跟着师父马启斌学纤口、绱帽子、翻帽子等皮帽制作技巧。马万兰有一定的手针、机器操作基础。师父们都很注意培养她，尤其是马师傅更是倾注了极大心血。马万兰总感觉师父特别严肃，常说的一句话是“臭人不能臭手艺”，这也是老辈儿手艺人留下的话，强调的就是手艺的重要性。

据马万兰回忆，当时做青根貂帽子、羊剪绒解放式帽子特别多，水獭和旱獭属于高档帽子，做得比较少。做帽子手针是基础，然而做皮帽和平时针线活儿的手针是不一样的。最困难的就是皮子太硬了，缝起来需要很大的劲儿，一不留神连针带线就都扎到肉里了。皮子上难免有各种细菌，要不停地挤血，挤到不再出血为止。“那阵儿也没有创可贴，也就抹点机油，过几天就好了。”就这样，在皮帽制作组刻苦地学了一年，马万兰掌握了制作皮帽的各项技艺。

1990年，马万兰喜结良缘。同年，她设计制作的一件粉色的婚纱获得了区级的创新设计奖。在制作中，她用盛锡福的皮帽技法做婚纱上的小球和小花，使这件婚纱变得与众不同。此后，她还试做过一款皮毛短裤，也获得了奖项。

1991年，因工作需要，马万兰被调到花帽车间做过一年左右的单帽，其中包括前进帽、圆顶帽、防雨礼士帽等，这为她以后做外贸打样儿工作打下了良好的基础。

1992年末，公司接了一批皮帽订单，订单量大，人手紧张，当时作为部门主力的马万兰已经怀孕七个多月，为了赶工期，她一直坚持在第一线，每天都要做择帽壳、绱帽子、纤口的工作。当时组里共有7个人，每天都要出20多顶全皮解放帽，都是流水作业，缺少一个人都完不成任务。为了赶工期，1993年春节的第三天，当时的施厂长就带领皮帽制作组开始加班加点地赶工期了。

1996年初，公司与利生体育用品合营，马万兰被调到利生商厦里卖帽子以及接一些加工活。记得当年的“两会”期间，一名外省市人大代表找到了盛锡福，马万兰接待了他。原来这名人大代表是慕名而来，想做一顶灰色的呢帽子。但苦于没有照片，找了很多地方，都做不出想要的样子。马万兰一听他的描述就知道这是一顶八瓣带口带檐的帽子，于是爽快地说：“您交给我吧，我给您做。”但因为时间来不及了，这位顾客给她留了地址和钱就离开了。

想到这帽子关系到外地顾客对盛锡福的一份信任，公司领导和马万兰都非常重视。为了找到合适的料子，马万兰费了不少劲儿，最后是在花市大街买到了称心的面料，她又开始精心地加工，前后不到一个星期，马万兰包装好后，用最保险的邮递方式给对方寄了过去。

过了一段时间，马万兰差不多快要把这件事情忘了的时候，接到了那位顾客发来的感谢信，信中对盛锡福的精湛手艺夸赞不已。后来他的妻子来京办事时，还特意到盛锡福亲自向马万兰致谢。每次谈到这件往事，马万兰心里都暖暖的，她说，做这行最开心的时候，就是看到顾客戴上帽子后由衷喜悦的表情。顾客的满意才是最重要的认可。

“留住心”是难题更是必需

由于出色的工作业绩，2003年，马万兰获得职业道德实践活动先进个人称号；2004年，获得北京市总工会颁发的“北京市经济技术创新标兵”称号；2007年，获东城区国资委系统企业优秀人才称号；2008年，获东城区经济技术创新标兵称号；2017年，她又获得东城区“巾帼建功标兵”称号。

2009年，马万兰从皮帽车间被调到外贸部做订单打样品以及承接各种私人定制工作，自那年起，她每年都去参加春秋季广交会，每次都要做上几十款样品，上百种花色品种。打版、买料一样不落，的确是很辛苦。可是，每次接到新的订单，再苦她都是开心的。她接的私人定制每

◎ 马万兰的父亲马殿富（左一）、杨金诚、贾宝珍、王来顺等盛锡福的老师傅们在一起 ◎

次都是顾客高兴而来，满意而去，受到公司领导和顾客的一致好评。

2018年10月25日，马万兰正式收马立爽为徒。马立爽是马万兰的侄女，是一个能够静下心来学手艺的人，而且结婚后也一直在北京城区生活，马万兰相信这次收徒弟一定能稳定地把手艺传承下去。在收徒仪式上，马万兰表示："我会毫无保留地把手艺传给你，希望这门手艺在你那里不要断了。"

这句话，是师父马启斌当年跟她说过的。2007年3月1日，借庆祝盛锡福百年的契机，马万兰正式拜马启斌为师。拜师仪式在人民大会堂隆重举行。师父叮嘱她说，一定要把这个手艺传承下去。马万兰也表态，自己要毫无保留地传给徒弟，不能在咱们这代给断了。

为了让刚刚入行两年的马立爽尽快掌握有关技艺，马万兰手把手地教授。"我掌握的是全活儿，我也必须让徒弟全活儿。"皮帽手针方面，马万兰先让徒弟从缝水貂球开始，让马立爽用碎皮头练手针，感受扎单层皮子的感觉，过一段时间再让她练习双层皮以及粗皮的手针，逐渐加大难度。

如今，已经退休的马万兰被单位返聘，继续从事自己心爱的手工制帽工作。在她看来，手工的皮帽还是有市场的，就怕找不到好徒弟，必须有一批新人加入进来，这项技艺才能发扬光大。"我们家三代都在盛锡福，我希望公司越来越好，留住更多的青年才俊，让这项非遗技艺焕发新的青春。"

二、盛锡福皮帽制作技艺第五代传承人代表：陈江山

陈江山是盛锡福皮帽制作技艺第五代传承人中的代表，如今皮帽、皮毛车间的核心主力之一；他曾获盛锡福中华老字号传统工艺手工制作银奖等多项荣誉，更多次被评为公司级和企业级创新立功竞赛先进个人；他热爱生活、兴趣广泛，对于技艺的传承和产品创新力有遗憾也有期待。

有爱才能坚持

1968年，陈江山出生于北京。父亲是木材厂职工，母亲是服装厂职

工，陈江山排行老四。母亲手很巧，兄弟4人小时候的衣服都是母亲做的。陈江山从小手工能力就强，叠纸、糊风筝，手工课的内容他样样精通。

◎ 陈江山师傅正在刺皮子 ◎

学校毕业后陈江山到了父亲工作过的木材厂下属一家工厂工作，跟师父学做大型通风管道。不同于民用通风管道，当时工业用的通风管道，都是用双层铁皮，纯手工钣金工艺制作。一年多的时间，陈江山的技术和悟性让厂里的师父非常满意，打算过些年就让陈江山接自己的班。

不承想，1984年，盛锡福来到左家庄办事处招工。时任盛锡福人事部门负责人的李家琪给陈江山讲了老字号的百年历史。一心想去国营企业工作的他，没想到还能学门手艺，不禁喜出望外。回到厂里一说，师父只对他说了一句："要不是国营厂要你，我肯定不能放你走。"

1985年11月1日，陈江山正式加入盛锡福，一同进厂的还有他未来的妻子。彼时，盛锡福正打算搬到四路居的新厂址，为了节省经费，新厂址里的部分建设和装修改造任务都是职工亲力亲为，由生产厂长施法钰带领。刚打算学艺的陈江山没想到，还没来得及学艺，就开始干上了体力活儿。

作为厂里新来的青壮年职工，陈江山可谓是施工的主力人员之一。从捡砖头、铺路、和水泥盖房、垒烤炉、搞室内装修……一年多的时间，陈江山和厂里的领导职工一砖一瓦地把新址建好了。他身上那股踏实肯干的劲儿，也受到厂里领导和师父们的认可，他也由此被分配到了车间的皮毛组，跟着师父李金善学艺。

手针、配皮、吹风皮张、机器使用……师父的指点，陈江山过目不忘。令他印象深刻的是，早年间人工手皮子要用到硝等很多带毒性的原料，还要把皮子放在外边晒，皮子不仅灰尘多，表面还有些毒性。皮毛工序需要常年用嘴吹皮子，用手拿皮子，身体难免受到影响。当时陈江山的手经常会脱皮。水獭皮、海龙皮的板厚，手针时可费劲了，和所有技师一样，陈江山的手也经常被扎，而那些常年扎皮子的针都带有毒性，被扎了一次，往往要一周的时间才能好……一年后，陈江山做的第一个皮毛的成品是青根貂皮扇，受到厂里的赞扬，陈江山也和师父配合得越来越好。

1992年春节前，盛锡福接了国外500顶水獭全皮解放帽的紧急订单。皮毛组要赶制1000张皮板，陈江山作为部门主力之一，每天工作十几个小时，连师父都夸奖陈江山手快，他最多的时候一天做出25张皮扇。就这样，他们从大年三十一直加班到初七，终于提前完成了任务。

1993年，陈江山与妻子喜结连理。婚后的生活，平淡而幸福。身边前后进厂的同事一个个地跳槽离开。面对着各种诱惑，陈江山从未动心。他每日工作在师父身边，从师父的身上，看到了这项百年传承技艺所需的耐心和韧劲儿。

适时而变直面挑战

盛锡福发展百余年，一直都坚持适时而变。这种变是要与时代发展同步，包含技艺、样式的双重创新。

据陈江山介绍，随着社会的发展、对动物的保护以及对可持续发展的重视，盛锡福的皮毛供应已经转向家养的貂皮等。一方面皮毛整体的卫生状况大为提高；另一方面，家养动物由于饲养周期短，皮毛会出现绒少、白板等问题。在制作圆帽（如土耳其帽）的时候，经常会出现中缝较明显甚至能直接看见皮子的白板现象，顾客反应不太好。

为了解决这个问题，陈江山想了几个月，终于想出了将“转顺”作为解决之道。所谓“转顺”，就是改变传统的皮毛裁制方式，由之前的横向剪裁改为纵向剪裁，之前需要两张皮缝合制作一顶帽子，现在采用一张大皮就可以完成。由于一张皮上毛的朝向、厚度、粗细都比较一致，所以能有效避免出现漏着中缝的情况。同时，这也能节约成本，减少皮毛的浪费。

为了创新款式，这些年陈江山可没少下功夫，业余时间别人休息，他就订阅书籍杂志，走访商场，参观各类展览，不断了解流行趋势。2014年，陈江山采用圆帽顶设计，制作了一顶水貂蘑菇女帽。该帽不仅创新了帽型，并利用白貂皮和深咖色貂皮的颜色形成视觉反差，在帽檐上方穿了一圈儿“黑格子”，最终荣获中华老字号传统工艺手工制作银奖。

2015年，北京服装学院学生找到陈江山，联合设计制作了皮帽作品《探》，陈江山先用皮板将帽子估了出来，然后提出了自己的想法。他认为，创新不能脱离消费者，他们用了半个月的时间反复讨论修改，学生们接受了他的想法。最终，该作品荣获北京传统手工艺作品设计大赛传承奖银奖。

当然，学生们的设计思想也启发了陈江山，此后，他尝试将部分编织帽的元素大胆应用于皮帽，制作出一款宝石蓝女帽，这件产品的创作灵感正是在制作《探》时获得的。

择一事终一生

2012年，公司为陈江山正式举行了拜师仪式，拜盛锡福皮帽制作技艺国家级传承人李金善师傅为师，正式成为皮帽制作技艺第五代传承人。师父李金善叮嘱他要“择一事终一生”，把这项手艺传承好。

近些年，陈江山带过两位学生，都因为种种原因离职了。能碰上明师——明白的师父，是徒弟的运气。可要找到有祖师爷赏饭吃的徒弟，又何尝不是做师父的理想呢。

为了推广皮帽制作技艺，他走进学校，主持完成了《非遗传承进校园》项目，为学生们讲述皮帽的基本制作方法，讲述盛锡福百年的发展历程，讲述精益求精的工匠精神。课程很受学生欢迎，荣获东城区优秀人才培养资助项目奖励。

◎ 陈江山走进校园教授皮帽制作技艺 ◎

除了人才断档问题，皮毛行业还面临着创新力不足的问题。传统、独特固然是老字号赖以生存的根本，“市场需求肯定还有，但东西不能还是解放式、土耳其式、美式这‘老三样’，必须与时俱进，符合现代人的审美。”在男帽上，盛锡福执着于将原料、工艺、做工这些做到最好，让消费者戴起来更舒服、更好看。而女帽的款式，则进行创新设计，制作出更多适应现代人穿戴的帽款。最近几年，盛锡福在高级定制、来料加工、来样加工、特殊人群制作等服务之外创新帽型帽款，尤其是蘑菇头、八瓣、菠萝花等款式，获得了市场的广泛认可。

“我是1985年进厂的，从配皮、裁剪到缝制，一点一点学。现在还有7年多就退休了，我还有心气，会尽全力把技艺传承下去”。谈到未来，陈江山表示，要配合公司找到合适的传承人，把盛锡福这块金字招牌发扬光大。

第六节

第六代传人

盛锡福皮帽制作技艺第六代传承人代表：马立爽

马立爽是盛锡福皮帽制作技艺第六代传承人中在职的一根“独苗”；她与第五代传承人马万兰既是师徒，又是亲人；学艺两年间，她已掌握盛锡福手工便帽、皮帽的多项核心技艺；她立志要用一生静心磨炼手艺，继续把这项非遗技艺传承下去。

从零起步的“世家子弟”

1989年，马立爽生于顺义区一户普通职工家庭。她排行老三，哥哥大她13岁，姐姐大她10岁。受全家人关爱的马立爽从小就有许多玩具，

◎ 马立爽师傅正在缝制便帽 ◎

她最爱各式各样的布娃娃，还总是想方设法地给那些布娃娃缝裙子、做衣服。马立爽的姑姑就是盛锡福皮帽制作技艺的第五代传承人马万兰。小时候，她就听家里老辈儿说姑姑手巧，甭管衣服、帽子啥都会做。那时的她非常羡慕，但丝毫未想过姑姑的手艺会与自己的生活产生什么联系。

毕业后，马立爽先后在物流、服装零售企业工作，业绩十分出色。2012年，她结婚后搬到北京市区居住。2015年4月，马立爽到盛锡福门店做销售工作，虽然工作起来没有周六日休息，但她很知足，工作也非常用心。

2018年，刚刚休完产假不久的她，听说盛锡福工厂正在招收学徒，正苦于在门市上班周末没法照顾孩子的她心动了。于是找到姑姑谈了谈自己的想法，马万兰很了解侄女的处境，但说到手艺，她还推心置腹地叮嘱了一句："这是门传承了百年的手艺，你要学就要下功夫，学会了一辈子都有用。"姑姑的话，让马立爽至今记忆犹新。渴望拥有"稳稳的幸福"的她，回想起二十多年的人生，感觉自己必须要有一个安身立命的手艺。她向公司和姑姑保证"不会半途而废"。就这样，马立爽进入工厂，跟着马万兰负责加工外贸出口订单等工作。

在工厂上班，与门市上班的感受完全不一样。马立爽完全是从零起步，学起来肯定要比一些有基础的同事辛苦。然而在大家眼中，她是马万兰的侄女，出身手艺世家，手艺学不好，丢的可不只是自己的脸。从小要强的她，当时的心理压力可想而知。

皮帽、便帽"两门抱"

按师父的安排，她先学蹬缝纫机。最开始，连机器都不会开，就是用脚踩着机器找感觉。练熟了才把机器打开，拿一些废旧料练习。一上机器，马立爽蹬的速度不是快了就是慢了，走线也经常不均匀。尤其是拐弯难度最大，给帽子砸线不像衣服，帽子经常有小死角和各种弧度，弧度走不出来或者差一点，做出的帽子就不好看。走线时眼睛就是尺子，线要走得均匀，一旦错了就要拆开重新做。

急脾气的马立爽暗暗跟自己较劲，她利用一切休息时间加练。练习时间长了，除了手脚酸痛，眼睛也累，因为线很细，看得时间长了，还会不自觉地流眼泪。她不惜力，总是简单休息一下，就继续练习起来。整整半个月过后，她终于掌握了缝纫技术，开始做一些小活儿。等帽里子做好了，再学着做面，再学怎么把这帽子组装在一起。“师父特别细心，做得不好的地儿，她会严厉地指出来，再重新给我讲，直到做对。”马立爽坦言，因为自己有两个身份，所以无论师父怎样严厉，她都觉得很亲切。

除了机器缝制技术，手工皮帽的手针技术也要掌握。皮子活儿不好缝，一是手得有劲。皮子特别厚，像水貂皮还薄一些，羊剪绒等粗皮特别厚；二是顶针要用得特别好，否则一不留神就把手扎流血了。

马立爽在师父的指导下，先拿废料练手，逐渐提高技艺。同时，她还学习做皮帽的帽衬。据她介绍，上衬得把该吃的地方吃进去，该有的弧度得走出来，弄不好帽衬就得留褶。在练习了十多顶帽子之后，她的皮帽制作技巧越来越得到师父的认可。

2018年10月25日是马立爽永远忘不了的日子，在公司的安排下，她当着师傅们的面正式拜马万兰为师，公司发的拜师证她一直珍藏着。

◎ 马立爽（右）听师父讲解工艺手法 ◎

不为繁华易匠心

近些年，盛锡福的外贸订单比较多，五瓣、六瓣、八瓣前进帽，无底条八瓣前进帽、小直角帽、贝雷帽等，都是受国外消费者欢迎的款式。

然而，外贸单时间都很紧。一次，公司接了一个加急的外贸单，几百顶帽子，一个月就要交货。此时车间只有三个师傅，为了赶工，马立爽努力做好全部基础工作，配合师父将各个工序安排得井井有条。每做一顶帽子，她还要做最后的检查、塞纸、装袋，并负责质量检查等工作。一旦成品中有多余的线头，或者线砸歪了，都要拣出来重新返工。

除了高质量地完成公司的生产任务，马立爽还积极参加公司承办的公益活动和社会推广活动。2019年，故宫史上最大展览——“紫禁城里过大年”受到北京市民追捧，在慈宁宫花园、慈宁门外广场和隆宗门外广场上，三条年味十足的年货街开街，盛锡福、全聚德、王致和等150家老字号商铺和非遗项目集体为故宫观众拜年。马立爽作为盛锡福皮帽技艺传承人，也跟着老师傅们在现场，为过大年的市民介绍手工皮帽技艺以及皮毛保养知识。

此外，马立爽还尝试进行工艺创新，如配合同为第六代传承人的吴子镝，共同制作了一款宫廷补服刺绣前进帽，受到专家的好评。

她常说：“手艺是一门细致活儿，要经过多年磨炼才能达到精熟的程度。”然而，老字号技艺的传承却不容乐观。对于像马立爽这样的年轻人而言，手工制帽技艺不但极为消耗精力、时间，再加上收入低微，不少人选择离去。但她却说：“我缝制帽子不是为了赚钱。而是要向师父学习‘择一事终一生，不为繁华易匠心’的精神。只要市场上还需要我制作的帽子，我就会坚持做下去。”

第五章 盛锡福的保护与发展

在非遗保护的方式上，被广泛应用和认可的有四种：抢救性保护、生产性保护、整体性保护、立法保护。盛锡福皮帽制作技艺是众多身怀绝技的能工巧匠经过悠久岁月凝聚起来的艺术杰作，饱含着中华帽文化的深厚底蕴，具有独特的技艺保护价值。

现在的盛锡福，早已改制为北京东方奥天资产经营有限公司下属“北京盛锡福帽业有限责任公司”，在生产经营中坚持发挥传统工艺的优势，使之能在现代社会中创造更大的价值。因而，就北京盛锡福本身而言，盛锡福皮帽制作技艺的保护与发展也必然重在生产性保护，并在生产中逐步探索。近年来，面对现状与挑战，北京盛锡福不断尝试对非遗技艺和帽文化开展传承与传播工作，为这项技艺的未来发展探索了新的思路。

◎ 盛锡福招牌浮雕 ◎

第一节

技艺的保护价值

一、文化价值

盛锡福自创建至今已经有百年的时间了。在这一个世纪当中，中国社会由动荡更迭变为稳定安宁，新的社会形态确立，直至飞速发展、日新月异。盛锡福的皮帽制作工艺经历了兴盛辉煌也遭遇了风雨坎坷，但终究被传承发展下来。

因盛锡福的产品用料考究、做工精良，“头戴盛锡福，脚踩内联升”的说法在京华大地广为流传，盛锡福“帽业专家”“制帽大王”的称号亦享誉海内外。盛锡福正是在这样的时代里，广泛吸纳优秀的传统皮毛加工技艺应用于适应潮流样式的皮帽加工中，并不断地吸收融汇同

百年老号——盛锡福

盛锡福

这里说的“熟”，是制帽业的一句行话，就是外观微黄，帽胎既硬挺，又绵软。这样，戴上后不仅舒适，帽子还不会变形。之后用一层豆包布包起，豆包布附上皮面。这还不算完，还要进一次烤箱烘烤，这种制法是天津盛锡福总号的传统制法，小帽作坊必须按此工艺进行，丝毫马虎不得。

盛锡福曾两次购进国外先进设备并重金聘请技师，同时也从同业中挖取技术骨干，并千方百计地搜集国内制帽技术中的绝招，还几次派人到日本学习考察，从而保证四季帽子生产都有严格的工艺流程和检测手段。随着时代的发展，虽然帽子的样式已经迥异于以往的不同年代，但人们的需求却在不断增长。1956年，王府井盛锡福帽店实现了公私合营，历史翻开了新的一页。

一次，共和国总理周恩来到王府井视察，他亲自过问了北京盛锡福的经营和发展，并且做出指示：“要保持

11

◎ 盛锡福皮帽制作技艺有关内容被写进内蒙古自治区普通高中教材 ◎

行业中的优良技术加以改进，形成盛锡福特有的精良的皮帽制作工艺。

二、工艺价值

盛锡福皮帽制作工艺的流传并没有局限于父传子受的家族传承模式，而是在生产加工中以师授徒、代代承袭，适应市场需求甚至引导市场流行，成为一项拥有悠久历史却不乏时代生命力的优秀手工技艺。

盛锡福皮帽制作工艺流程复杂，每道工序都要求精益求精，其用料之讲究、做工之精细是很多制帽工艺难以望其项背的。这项制作工艺是历代的制帽师傅通过对生产经验长期的积累总结得出的技术成果，这些手工工艺具备机械制造无可比拟的优点，是一项极有价值的手工工艺技术，也是一项宝贵的历史遗产。

三、经济价值

非物质文化遗产（以下简称“非遗”）作为一种稀缺的人类文化遗存资源，蕴含着重要的经济价值。盛锡福作为国家部委认定的“中华老字号”企业，连年被评为“北京市著名商标”，远销海外十多个国家和地区，并在海外进行了商标注册。如今，载誉百年的盛锡福已发展为勇

◎ 盛锡福制帽加工车间内有上千个制帽样板 ◎

于创新、不断进取的特色制帽企业。

随着人们生活水平的提高，消费形态开始由生存型向享受型发展，人们的着装需求不仅仅停留在有的穿、穿得暖的物质层面，服装鞋帽被赋予了更多精神层面的意义。如今的盛锡福，顺应社会潮流，适应市场竞争需要，改制成为“北京盛锡福帽业有限责任公司”，在生产经营中积极发挥传统工艺的优势，使之能在现代社会中创造更大的价值。

第二节

开展传承与传播

根据《中华人民共和国非物质文化遗产法》的规定，国家积极支持和鼓励开展非物质文化遗产代表性项目的传承和传播。传承是师徒之间传、学、教、练、继承的过程，主要以口耳相传、身体力行的方式，在每一代之间纵向深入细化传承。传播是非遗保护的基本方法和重要举措，广泛的非遗传播能为非遗保护凝聚全社会的文化共识，为传承发展非遗奠定更加厚实的基础。可以说，传播和传承是相融共生、不可分割的“一体两面”。

时至今日，盛锡福在皮帽制作上仍然一丝不苟、精益求精，秉承优秀的传统工艺技法不断创新完善，使传统工艺得以融合新元素更加适应现代社会的需求。盛锡福皮帽制作技艺不仅拥有悠久的历史，设立劳模创新工作室、加强培训、强化拜师仪式等方式更使其焕发出蓬勃的生命力。

在传播方面，盛锡福皮帽制作技艺与不少非遗项目类似，都存在着一些问题，如非遗项目产业化运作不足，传播途径和方式比较单一滞后等。但他们仍旧进行了一系列探索。具体来说：一是着力提升非遗传承人群体的社会影响力。盛锡福以项目代表性传承人的技艺表演、展览展示、交流合作以及所获奖项荣誉等为着力点，通过对非遗传承人社会影响力的营造，对内凝聚团队意志，对外扩大企业社会美誉度。二是通过“请进来”与“走出去”相结合，为企业和非遗传承人提高社会能见度。近年来，盛锡福一方面迎来了“香港八所大学师生访问团”“北京服装学院暑期大学生实践团”等数十个参访团，同时也积极开展非遗传承人进校园公益讲座活动，并多次成功参与到“北京消费季”“紫禁城里过大年”等具有影响力的社会活动中，以非遗与服务相配合的方式，使更多民众了解盛锡福皮帽制作技艺。

◎ 2019年首都国企开放日活动中，盛锡福迎来首都各界市民参观 ◎

网络也是盛锡福扩大社会传播的重要渠道。盛锡福于2013年先后入驻天猫、京东两大电商平台，目前发展势头良好，销售额逐年翻番，市场认可度迅速提高。此外，盛锡福还在创意与非遗相结合的基础上对非遗进行创意性保护，不断扩大新产品投放市场的力度，把非遗真正融入社会，实现活态传承的目标。

第三节

保护现状与挑战

保护老字号，就是保护一座城市的文化记忆。北京作为有着3000多年建城史、800多年建都史的历史文化名城，铸就了众多的老字号品牌，凝聚的是人们代代相承的生活方式和情感归属。“盛锡福”作为中国帽业的一面旗帜，浓缩了百余年来中国帽文化的精华，发展到今天，“盛锡福”这三个字不仅仅属于“盛锡福人”，它更属于整个中华民族。

◎ 盛锡福参加北京电视台《北京议事厅》节目录制 ◎

为了保护老字号的发展和技艺传承，商务部等14部门曾印发《关于保护和促进老字号发展的若干意见》的通知，明确提出：“鼓励和支持老字号企业挖掘文化内涵，加快技术改造，确保产品质量和安全，大力开发特色突出、质量上乘、符合消费者需求的产品和服务。”多年过去了，如今的盛锡福皮帽制作技艺就像其他不少非遗技艺一样，仍然面临着保护、传承，以及如何进一步发展的共同性问题。

首先就是人才断层问题。老字号们普遍面临着传承难、收徒难和留不住人才的尴尬局面。究其原因，一是学艺需要吃苦、需要投入大量精力、学习实践周期较长；二是收入不高、外部诱惑力较大等。盛锡福也不例外，近年来无论是前店还是后厂，人员流动性较大。尤其是非遗传承方面，由于各种原因，学到手艺甚至没学成手艺就走人的现象时有发生，老师傅也戏称车间成了“免费学校”。但为了传承手艺，只要有合适的人选，老师傅们总是会倾囊相授。只是，技艺传承人年龄普遍偏大已是不争的事实。

发展与传承的观念问题。“小盆景栽不出参天大树”，手工艺是一门生活的艺术，它满足民生日用，尤其是“制以时变”的帽业和鞋业，必然受到迅速变化的生活观念的影响，这也是“活态传承”的题中应有之义。由于老字号在人才培养、品鉴准则等方面都倾向于坚守“成规”的管理原则，产销方式则以规格统一的“风格化”产品为主，所以老字号在创新方面显得保守，大多担心脱离原有文化土壤就是去了特色，所以不愿求变，不断在重复制作过去的畅销产品。

皮帽由于原材料价格较高，必然面临着“试错”成本较高的问题，如何平衡新市场的开拓与迎合市场基本盘的需求，是盛锡福面临的一项重大挑战。为适应市场变化推广不同年龄层的帽式，盛锡福针对年轻人喜爱的羊剪绒帽、中老年人喜爱的长毛绒帽、学欧美的小童帽等进行过尝试，还灵活拓展了“自料加工”“选料加工”“旧帽翻新”“特大（号）特小（号）定制”“残疾人特制”等服务种类。

此外，在传承技艺的过程中，如何传承文化也是老字号传承发展的重要一环。“夫源远者流长，根深者枝茂。”20世纪公私合营后，实际上已经有很多的老字号都出现过重组。因此，老字号的传承并不仅仅是产品、技艺、服务的传承，更应该是文化的传承和重新提炼、补充，以适应商业化需求，进而形成文化传承与商业发展的正循环。

最后，就是如何适应外部发展环境变化的问题。随着国家和社会对动物保护以及对养殖规范化管理和行业生产销售的执法监管的加强，毛皮和皮革行业整体进入发展的拐点。“盛锡福”皮帽从产量到技艺都深受影响。如何平衡生态保护与文化多样性的保护，如何让传统技艺跟上日益变化的时尚需求，这是手工艺人面对的难题，需要进一步制定配套措施，才能实现盛锡福的可持续发展。

第四节

未来发展新思路

老字号之所以能传承百年，主要是因为其蕴含着民族商业文化的精髓，具有世代传承的独特技艺、可靠产品、优秀理念和深厚文化积淀。“老字号”不仅传承了名誉天下的民族品牌，同时还沉淀着中华民族传统文化的厚重。这就要求传承人要将文化附加值进一步内化进商品产销的各个方面，要做出真正的品牌。“以文兴商、以情促销、以新制胜”成了近年来盛锡福的新举措，建立和运营盛锡福“中国帽文化博物馆”正是其核心内容之一。

◎ 2015年香港大学生参观团来到盛锡福体验中国传统文化 ◎

北京盛锡福帽业有限责任公司前董事长、总经理李家琪正是盛锡福以文兴商的重要推手。在他看来，盛锡福百余年的历史篇章中，每一页都有精彩之笔。朴实无华、字字金言的“生意要勤谨，用人要方正，临事要责任……”以及“小帽子大品牌”的经营理念都传承了下来。2008

年盛锡福皮帽制作技艺被列入国家级非物质文化遗产，盛锡福领导班子就意识到要抓住这个契机，即开办一个能够保护文化遗产，弘扬中华民族传统文化的具有非遗特色的博物馆。经过两年的筹备、建设，盛锡福“中国帽文化博物馆”（以下简称博物馆）于2010年6月8日正式开馆。

◎ 盛锡福中国帽文化博物馆原址大门 ◎

博物馆原位于北京东城区东四北大街一处瓦刀形四合院中，闹中取静，幽静中透着古朴。全馆设有4个展厅，第一展厅主题是“盛锡福百年史”，清晰再现了盛锡福创业、发展的历史脉络。展出了从清末民初、中华人民共和国成立到改革开放以来各个历史时期的珍贵文物，体现出盛锡福讲求品质、诚信经营的文化内涵，同时展示了盛锡福近年来取得的成就。1998年12月31日盛锡福帽店在王府井重张开业，2000年北京盛锡福改制，沿袭前店后厂的经营模式，拥有5家门店、1家制帽工厂、1家博物馆、50多家全国帽联合成员，实现向集团化目标迈进。第二展厅主题为“皮帽制作技艺工作室”，介绍了盛锡福优选地道原材料、独特的制帽工艺及精湛的制帽技术。参观者可以现场观看技师的表演，体验皮帽制作技艺的乐趣。第三展厅主题为“中华冠帽史”，展出了从新石器时代到清末各个历史时期的珍贵帽品，有秦朝的皇帝冕冠、唐代的幞头、明朝的凤冠等，精品典藏有清代皮质帽盒、三眼花翎、漆绘帽架等，反映了五千年冠帽文化从始创到成熟的历史发展轨迹。第四展厅主题为“民族冠帽文化”。中国地域辽阔，民族众多，帽饰多姿多

◎ 中国帽盒藏品 ◎

彩。丰富的款式、多样的面料显示出社会变迁；古朴的图案、奇异的风格保存了宗教信仰、民族融合的历史痕迹；绚丽的装饰、精湛的工艺体现了人们的创造力与自然相互交织的文化现象。

"继承、发展、创新"是博物馆秉承的宗旨，博物馆的诞生标志着盛锡福文化从自在阶段进入自为阶段，成为传承中国冠帽文化的重要场所，浓缩了百余年来中国帽文化的精华，集珍品展示、传统工艺交流以及主题文化、旅游、商务交流等多种功能于一体，是一个以传统艺术与当代文化交融为特色的非遗产业园，培养优秀非遗传承人才的聚集地。

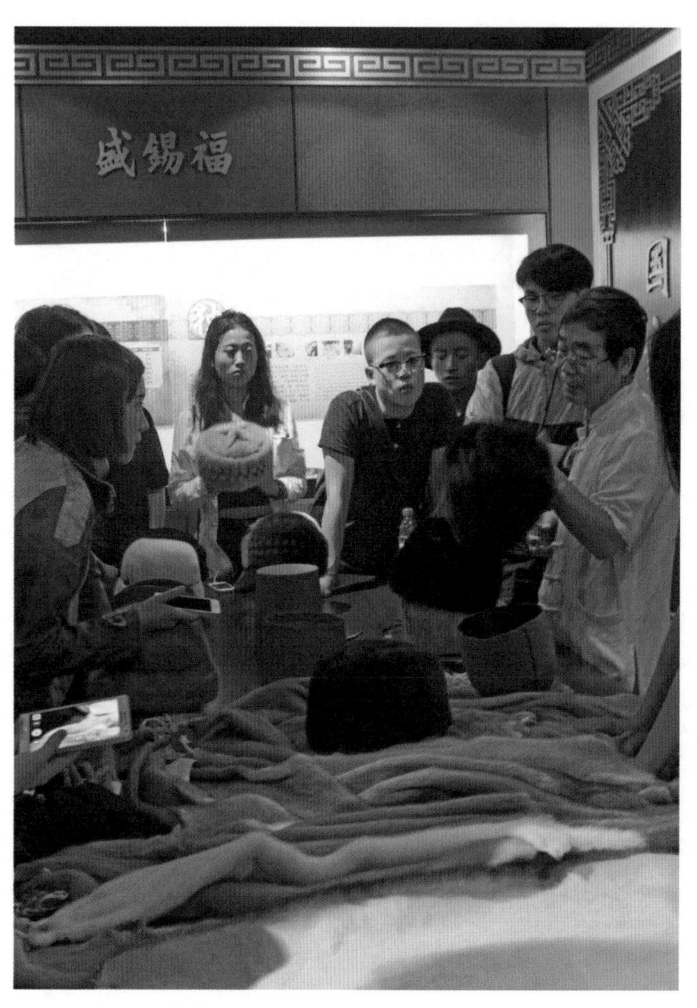

◎ 2015年博物馆接待北京服装学院师生参观 ◎

自开馆以来，博物馆得到了各级领导和专家的肯定，受到了各界朋友的支持和欢迎，已经成为"蓝天工程"的教育基地之一，2011年被商务委推荐为重点对外参观单位。博物馆先后多次接待中央、北京市、东城区各级各部门领导参观考察，博物馆已成为引导社会各界了解中国冠帽历史、近代民族工商业发展的窗口，成为沟通中外学者、促进文化交流的桥梁，成为激发爱国教育的课堂。

此外，为了让品牌更具知名效应，盛锡福改变了固有的宣传模式和传播观念，确立品牌个性，采取商业性与非商业性宣传手段相结合，配合博物馆的展出内容，与设计公司共同开发纪念产品，其中包括各式非遗产品、帽创意商品等。此外，盛锡福还推出临时展览，请非遗大师现场量头定制，为有高端需求的人士提供一对一的服务，发挥博物馆人力、物力和场地的优势，向人们充分传递品牌信息，加强与消费者之间的沟通，不断在消费者心目中强化品牌形象。

2020年7月1日，中共北京市委宣传部、北京市文化和旅游局、北京市财政局联合制订了《北京市非物质文化遗产传承发展工程实施方案》（以下简称“《方案》”）。《方案》中明确提出“加强非物质文化遗产保护工作专业队伍建设，完善人才培养机制”，以及“激发老字号非遗传承发展新活力”“加强非遗在国内外推广传播力度”等内容。该文件从传承人群梯队培养、品牌活动打造、分类保护机制构建等方面，对北京市“十四五”期间非遗保护工作做出了专项规划部署。

未来盛锡福也一定会以不同的形式，继续发挥帽文化在保护历史遗产，弘扬中华民族传统文化，传承盛锡福皮帽制作技艺，提升企业精神、经营模式中的重要作用。在传统与现代之间走出一条新路，为中国传统帽文化再现辉煌继续贡献一份心力。

第六章 皮帽代表作品赏析

◎ 海龙土耳其男帽 ◎

所谓“寸毛寸金”指的就是海龙皮，海龙皮帽也是制帽行业中高档次皮帽的代表之一。该帽是盛锡福的招牌产品，其制作技艺是盛锡福皮帽制作技艺的集大成者，制作过程繁复、制作周期较长，全部为手工技艺。工匠要提前规划好帽扇的用料、走刀的刀法及缝合方式。

◎ 水獭解放式男帽 ◎

解放式皮帽是流行于20世纪七八十年代的帽款。水獭皮毛针长而耐磨，底绒足、保暖性强。在制作皮扇的过程中，一是平皮工序要钉在板子上进行，等皮子干透后再进行操作；二是水獭皮的使用要注意毛的走向，“出扇”要相对自然、平衡。

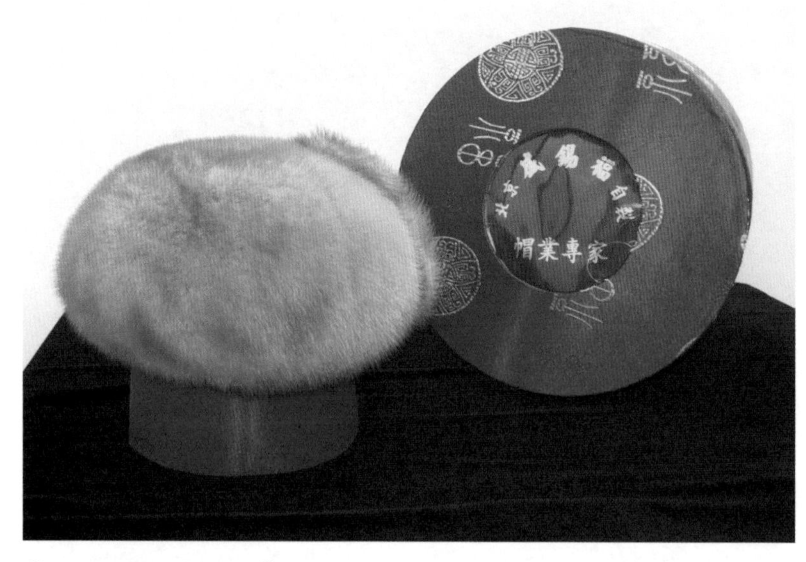

◎ 水貂皮蘑菇头女帽 ◎

该帽系用灰色彩貂貂皮。所谓“彩貂”是相较于深色的咖啡貂而言。一般浅色的貂皮都可称为彩貂，如宝石蓝、奶牛貂等。该帽为盛锡福近两年的创新产品之一。为了制作该帽，李金善师傅创新研制了蘑菇形的盔头。制作过程中，用一张整皮蒙在盔头上定型。该帽用一条貂尾作为装饰，受到不少女性顾客的青睐。

◎ 宝石蓝菠萝花女帽 ◎

宝石蓝菠萝花女帽采用丹麦进口的彩貂皮为原料，设计灵感来源于20世纪20年代风靡欧美的鲍勃发型。该帽用一张整貂皮制作菠萝花形帽围，半张貂皮作为帽顶，帽顶上手工掐捏形成的菠萝花凸显女性柔美气质，整体设计造型复古优雅，在通体银灰色的衬托下更加散发出熠熠光彩。

◎ 法式男爵帽 ◎

法式男爵帽采用丹麦进口貂皮为原料，设计灵感来源于11世纪法国贵族，是运用传统制帽工艺与中国本土文化特点相结合，从而打造出的盛锡福皮帽精品。其整体设计造型美观，具有良好的使用性能，是馈赠及收藏的佳品。

◎ 水貂英式全皮男帽 ◎

水貂英式全皮男帽也俗称“三块瓦”，即正面头门一块、两边帽扇各一块。该水貂英式全皮男帽不同于常规水貂英式帽采用猪皮或反猪皮做帽顶，而是帽顶及里外帽扇全部采用貂皮制作。这种帽子内软外挺，戴着舒服，外形美观。与解放式皮帽相比，大英式皮帽在头门、帽扇乃至后裆部位都要小一些。20世纪70年代前盛锡福还有售卖，现在已经很少在市场上销售了。

◎ 狐狸皮女帽 ◎

狐狸皮女帽是20世纪80年代左右销售最为火爆的女帽型之一。休闲气息十足，彰显个性与时髦腔调，显得甜美可爱，不失为很好的搭配选择。该帽皮质柔软，佩戴方式随意，使用场合广泛，增添一股街头潮流感，又成为整体穿搭的点睛之笔。推出后受到中青年女性顾客的一致好评。

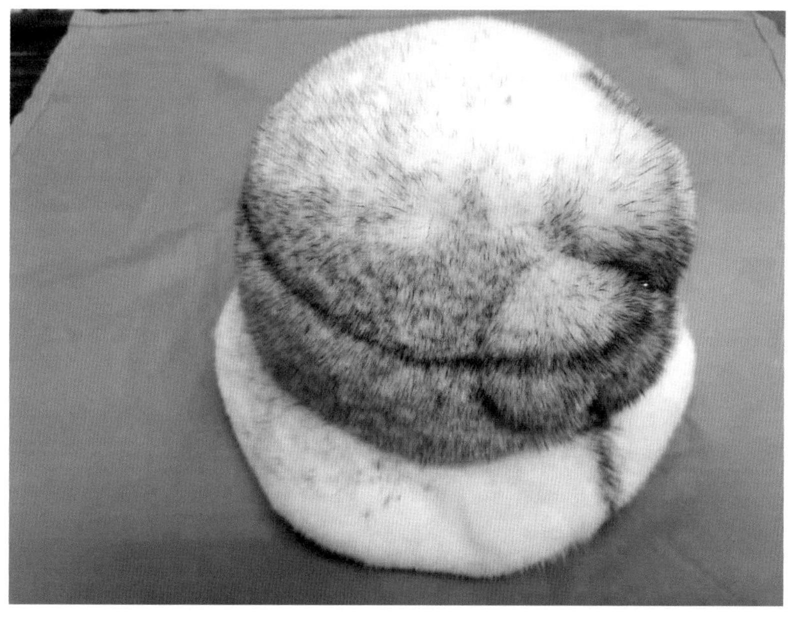

◎ 十字貂圆檐女帽 ◎

该帽主要由黑白两色构成，充分利用了十字貂皮张的本色。十字貂属于杂交繁殖种类，毛色呈黑白两色相间，黑色毛在背线和肩部构成明显的黑十字图案，新颖美观。此款十字貂圆檐女帽的帽顶和帽檐都是用十字貂白色的肚皮做成，由帽顶展开的皮张到帽檐上方自然呈现出黑色毛绒，且保持了黑线的连贯和水平位置。两个貂皮球作为装饰，让皮帽更显灵动。

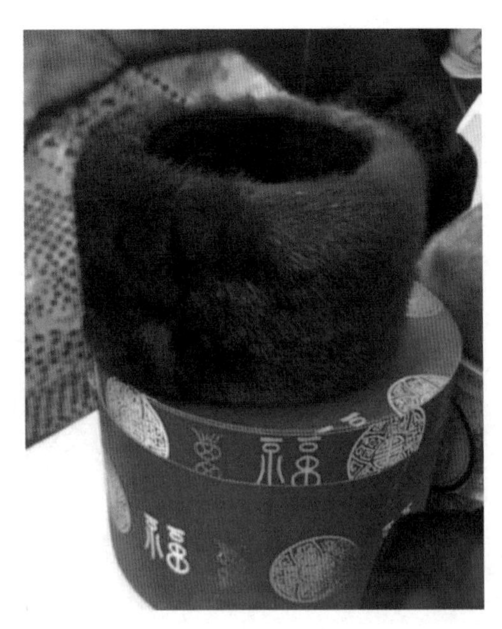

◎ 水貂男筒帽 ◎

该帽是盛锡福原创的一款帽型。帽围由一张大貂皮掐头去尾环抱制成，帽顶同为貂皮制作，凹入帽身，故名筒帽。该帽制作看似简单，实则难点不少。一是帽围由水貂整皮首尾相接，头尾绒毛长度不一，必须加以修饰。二是帽顶凹进去的尺寸必须拿捏准确，否则会导致帽檐遮住戴帽之人的眼睛。制作好的水貂男筒帽皮张大气、造型别致，尽显高贵品质。

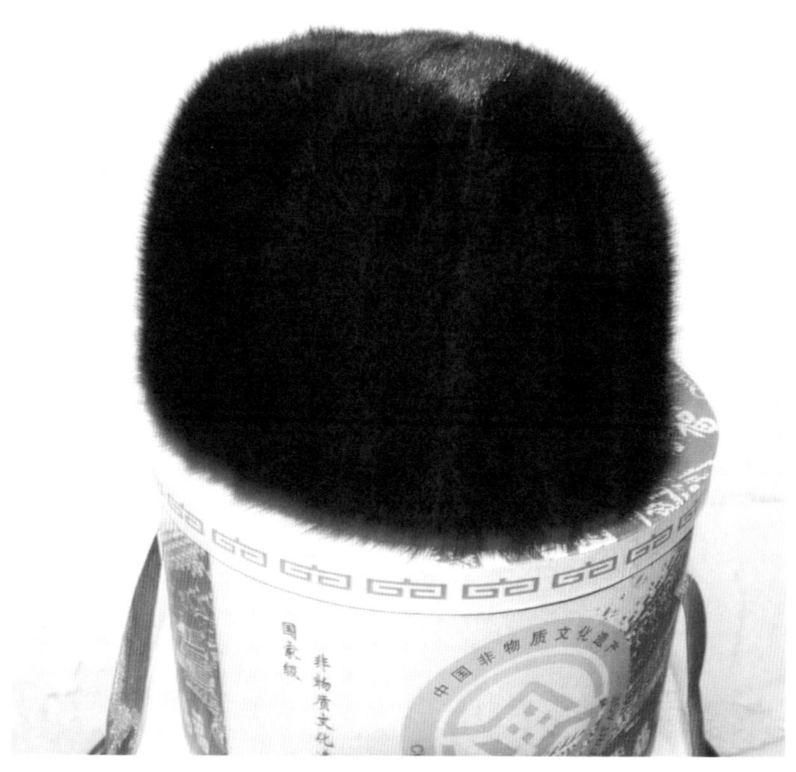

◎ 水貂尾土耳其男帽 ◎

该帽外观独特，一条条水貂尾形成了自然纹路，很受市场欢迎。貂尾是貂身上营养富集之处，绒毛发育较好，更是制作皮领、皮帽的优质原料。业内有经验的老师傅可以通过看皮张的尾部来判断貂皮的好坏。制作貂尾帽需要一个貂尾一个貂尾地进行平皮，再加以裁剪缝合。由于工序较为烦琐，制作周期一般也较普通水貂皮毛更长。

◎ 水貂海水江崖纹美式男帽 ◎

◎ 水貂海水江崖纹美式女帽 ◎

海水江崖纹是中国的一种传统纹样，由“海水纹”和“山崖纹”两个部分构成，常用于古代官服补子、龙袍下摆、袖口等部位。李金善师傅从故宫藏品有关纹饰中获得灵感，制作出水貂海水江崖纹美式帽。该帽通过大胆的配皮设计、细腻的刀工和手针工艺，将海水江崖纹的立体感表现出来，成为近年京城“国潮风”中的精品手工皮帽。

◎ 十字貂皮革檐女帽 ◎

为适应市场需求，盛锡福在不同的季节推出相应的新品，该款水貂女帽就是2019年推出的新品。该帽采用浅米色十字貂帽顶，白色羊皮革和黑色羊皮革作为帽檐组合而成，帽顶与帽檐采用真丝缎进行衔接，并用余料剪裁成羊皮革小花做装饰，显得更加活泼。

◎ 貂饰羊皮贝雷女帽 ◎

羊皮贝雷女帽，采用羊皮与水貂结合，用水貂余料在帽子前后分别缝制猫头和猫尾巴的元素。贴合年轻女孩的审美需求，创新现有帽样。在传承经典的同时，增加产品的时尚元素，修饰各种脸型。该帽目前市场反馈良好。

◎ 可爱多女帽 ◎

该帽设计于2018年，灵感来源于年轻人喜爱的可爱多巧克力冰激凌造型。白色水貂代表香草冰激凌部分，咖色水貂则代表巧克力部分。此外，设计师还在帽围上镶嵌了年轻女孩喜爱的水钻装饰。该皮帽制作一改市面上常见的直接将不同花色皮张简单缝制起来的方法，而是采用了镂空技艺，在白色皮张上刺出位置，配以提前准备好的条状咖色貂皮缝制。并且，由于皮子刷水后有一定的伸缩，故需要提前计算预留皮子的弧度。

◎ 貂皮棒球护耳帽 ◎

棒球帽是随着棒球运动一起发展起来的，如今已经是生活中常见的帽型，在国内外的年轻人中非常流行。盛锡福此款帽子在原有棒球帽的基础上，增加了两个护耳设计，为全貂皮制作。款式时尚、实用性强，具有遮阳、束发、保暖、防护、装饰等作用。

◎ 海狮乌克兰帽 ◎

乌克兰帽是传统帽型之一，2000年之前一度非常流行。海狮乌克兰帽以进口海狮皮为原料制作而成，用料讲究、做工精细。在制作过程中，由于海狮皮的毛针小而密，几乎没有绒，缝合以后容易出现印，传统走刀后进行手针缝合以躲避皮张破损处的办法几乎用不上。因此，在刺皮张时，需要规划好走刀方位，尽可能绕开皮张的破损处。此外，该帽帽里用软胎进行制作，佩戴更为舒适。

◎ 青根貂解放式皮帽 ◎

该帽颜色鲜艳、性价比较高，佩戴轻盈，美观大方。青根貂又名麝香鼠，体形像大老鼠，其皮板结实、坚韧、耐磨而轻柔，绒毛丰厚细软，针毛富有光泽。要制作一顶解放式皮帽，需要多张青根貂皮拼接而成，因此在配皮等制作环节，需要有经验的师傅提前细致规划。

◎ 白水貂菠萝花冰球帽 ◎

该帽采用白水貂皮和黄水貂皮制成，设计来源于冰球运动员的头盔。白水貂象征冰雪，黄色环绕其间象征在赛道上拼搏的运动员精神。制作过程中，要选择毛针大小相似的白、黄水貂皮搭配使用。然后，用手针技法将黄貂皮制作成菠萝花长条，将白貂皮按需求剌开，再将菠萝花细致地缝制，要让两块皮子自然呈现为统一的整体。

◎ “一块布”欧式男帽 ◎

该帽摒弃了传统的拼接方法，使用一整块粗纺毛呢布料，通过创新裁剪方法制成男款欧式便帽。具体方法特点如下：便帽的墙子、顶子均出自一块布，借鉴了服装式的立体剪裁手法，仅需比普通的帽子多打三个剪口，就可以体现出更加立体的效果。从制作上来说，它的顶子是用一片面料制作而成的，帽面烫了一层定型胶衬，起到耐磨耐压的作用，还可水洗，洗完不会变形。款式也很适合亚洲脸型佩戴，销量一直很好。

参考书目

BIBLIOGRAPHY

孙有霞：“帽子文化略谈”，《上海艺术家》2008年第3期。

程晓英、贾玺增：“中国古代冠类首服的造型分类与文化内涵”，《纺织学报》，2008年10月。

《盛锡福皮帽制作技艺论证报告》，2007年4月。

周汛、高春明：《中国历代妇女妆饰》，学林出版社1988年版。

花原：“试谈‘楚贝’的起源”，《西安金融》1996年第9期。

吴妍春、王立波：“西域高尖帽文化解析”，《西域研究》2004年第1期。

刘民钢：“说文解字——冠”，《书法》2018年第5期。

[德]黑格尔：《美学》第三卷，商务印书馆1981年版。

陈高华、徐吉军编：《中国服饰通史》，宁波出版社2002年版。

倪方六：“古人冬季戴帽子有讲究‘突骑帽’‘瓜皮帽’都曾成为时尚”，北晚新视觉网，2014年12月19日。

[元]叶子奇：《草木子》卷三下《杂制篇》。

祁庆富：“中国少数民族的帽子”，《商业文化》1998年第3期。

张淑华、徐永、苏超英：《中国皮革史》，中国社会科学出版社2016年版。

黄向群主编：《中国皮草工艺》，中国纺织出版社2015年版。

《中国文物报》，2018年4月13日。

《维吾尔族简史》，新疆人民出版社1991年版。

王俊编：《中国古代鞋帽/中国传统民俗文化》，中国商业出版社2017年版。

宋燕编：《时拾史事》（第1辑），九州出版社2015年版。

方林：“中国服饰百年路”，《四川省情》，2017年6月。

“看我们女子被人家耻笑啦”，《大公报》，1912年6月27日。

孙立新：“德占时期青岛中国商人群体的形成”，《中共青岛市委党校青岛行政学院学报》2008年第3期。

张坤："刘锡三与盛锡福"，《天津档案》2012年第1期。

京梅："中国帽业之冠——盛锡福"，《海内与海外》2011年第10期。

李海涵："中华老字号——天津'盛锡福'史话"，《中国集体经济》2013年第2期。

舒瑜："老字号的技艺传承——以北京'盛锡福'皮帽制作为例"，《西北民族研究》2013年第2期。

北京市地方志编纂委员会：《北京志·商业卷·日用工业品商业志》，北京出版社2006年版。

北京市地方志编纂委员会：《北京志·工业卷·纺织工业志》，北京出版社2002年版。

支春明："冠冕群伦　驰名中外:访中华老字号北京盛锡福帽业有限责任公司董事长李家琪"，《中国品牌与防伪》2007年第6期。

胡晓林："看京城老字号谈衣装文化"，《艺术教育》2010年第7期。

赵炜："丰富'顶上'故事　引领帽业发展——专访北京盛锡福帽业有限责任公司董事长李家琪"，《中国对外贸易》2014年第1期。

谢瑄："我国现代皮革造型艺术作品的工艺特点及艺术特色"，《内蒙古科技与经济》2008年第8期。

雷一琪："浅谈皮草服装的细节设计"，《商》2013年第21期。

李俊英：《百年工匠风雨荣归》。

李家琪："中国冠帽文化的殿堂"，中国博物馆协会会员代表大会暨服装博物馆专业委员会学术会议，2014年11月23日于福建厦门召开。

附录

APPENDIXES

盛锡福制帽故事

一、为宋庆龄故居复原孙中山先生皮帽

2011年4月13日，盛锡福帽业有限责任公司向“宋庆龄故居”捐赠了“孙中山先生戴的盛锡福帽庄制海龙全皮大英式皮帽”复制件，艾玲主任代表宋庆龄故居接受捐赠。

这顶海龙皮帽为1924年孙中山先生北上时在天津御寒的皮帽子，后由宋庆龄先生保存。本着文物保护的方针政策，宋庆龄故居决定对皮帽进行复制，经过多方考察，最后决定由北京盛锡福来完成这项重要的任务。

2010年8月，李金善和同事来到故居对这顶皮帽进行鉴定。一上眼，他就看出了帽子的工艺特点。然而李金善却不免犯了难，这帽子的帽型比较老，更难的是帽子已失去了表面原本的颜色和光泽，要复制如旧，到哪里选择复制的原材料是一个大难题。

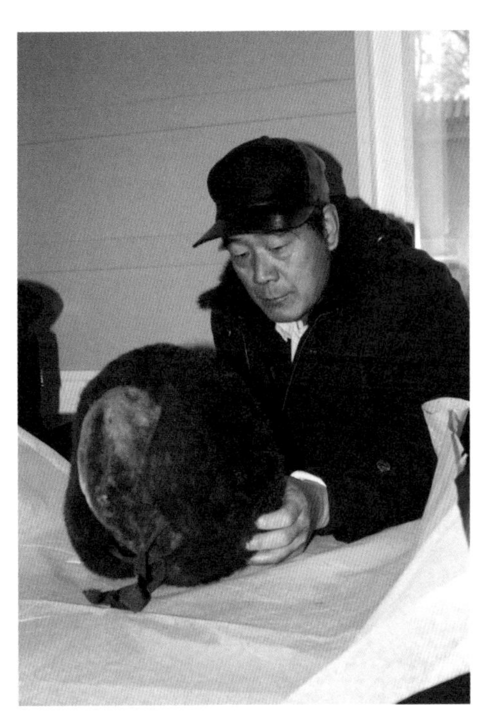

◎ 李金善观察孙中山先生曾戴过的盛锡福皮帽原件 ◎

李金善发动皮行多年的朋友，到处找与孙中山帽子有关的材料，但收获甚微。同时，他根据宋庆龄故居的材料和一些民国

时期的老照片作为参考，开始了复原工作。经过两周的时间，他借鉴了土耳其帽的一些工艺特点，做了两个实验品，效果非常好。

但何时能够等到最佳的皮子，李金善心里没底。同行的朋友们都说要想找到一张好的海龙皮已经是比较难的事了，要想找到一百年前的海龙皮更是比登天还难。

就在这时，门店来了一位老先生，自带原料要找老师傅做帽子。李金善热情接待，打开包袱一看，正是一个百年前的海龙马蹄袖，他喜出望外，于是问老先生："您想做什么样的帽子？什么款式？"老先生说要做一顶全皮解放式帽子，李金善看他拿来的材料，做全皮帽子根本就不够，就和老先生说明了情况。"那怎么办？我要这块料也没多大用，你们收不收？"老先生有点为难。李金善忙说："收！"就这样，把这件百年前的海龙马蹄袖收了过来，马蹄袖改制帽子是最不好改的，因为皮板不齐整，所以要把以前学到的知识技术都用上，如月牙刀、梯字刀、顶刀等。好在，这件帽子的原件并不大，材料正好够用。经过两周的时间，一顶褐色皮毛、精工细作的海龙全皮大英式皮帽就复原成功了。

帽子虽然做好了，一个细节却又让李金善犯了难。老商标在店里早就没有了，虽说商标缝在帽胎里，展览的时候也看不见，但他说，盛锡福皮帽的口碑就在于对每一个看不见的细节的坚持。于是那段时间，盛锡福上上下下都为了一个小小的商标四处寻觅。最终，在厂长宋朝纪的带领下，通过比对商家，他们完成了老商标的复制。

二、为故宫修复龙袍

2011年，盛锡福又接到为故宫博物院修复龙袍的项目。这是一件光绪皇帝的龙袍，为贯彻"保护为主、抢救第一、合理利用、传承发展"的方针，他及时与博物院的项目负责人取得联系，第一时间掌握龙袍的情况，做足准备工作。

当第一眼看到龙袍时，李金善还是不免惊讶了一下。龙袍皮面的毛掉了一块又一块，有的地方几乎变成光板，而且皮板表面也糟了一部分，修复起来难度极大。然而根据故宫方面的要求，修复还要必须保证“修旧如旧”的原则，不能改变原有的形状。最麻烦的是，龙袍上的皮料都是野生的，而现在市面的皮草都是人工养殖，皮质、颜色、光泽、厚度与野生的有一定的差距。

为了保护文物，李金善只能拿着一撮从龙袍掉下的皮毛去配皮，他利用休息时间先后6次到肃宁皮毛市场采购皮料，回来后还要将皮料进行仿旧处理后，才能进行修复工程。在修复过程中，先将原破损的部位小心翼翼地用小刀刺下来，再拿准备好的原料进行修补，修补后用做旧

◎ 李金善正在修复龙袍 ◎

的皮料再进行平缝，然后用专业的绣花针将背面缝制……就这样，凭借过硬的技术，经过8个月的紧张修复，李金善和故宫博物院有关负责同志成功完成了修复龙袍的工作。

后记

AFTERWORD

时光不语，岁月不居。《盛锡福皮帽》一书的编写工作终于完成，也算是对2020年有了一份交代。作为一个民俗和民间文学爱好者，能够有幸为盛锡福皮帽制作技艺记录百年风雨，是我的荣幸。

在这里首先要感谢北京市文联、北京民间文艺家协会多年来对北京市入选国家级、市级非遗名录项目的重视和资助；感谢北京出版集团、北京盛锡福帽业有限责任公司的信任与帮助；更要感谢以李金善师傅为首的盛锡福皮帽制作技艺非遗传承人群体，以及北京盛锡福工会主席曹文仲老师、办公室主任杨帆老师，他们丰厚的帽文化知识积淀、高超的协调沟通能力以及对史料的完备收集，为本书的完成提供了关键依据。而对于本书参考使用的书籍、文章，以及相关资料、图片的作者老师们，这里也一并表示感谢！

要感谢北京民间文艺家协会的石振怀副主席、史燕明副主席对非遗丛书作者的厚爱和包容，感谢北京出版集团的赵宁老师在编辑过程中付出的巨大心血和严谨细致的工作态度。

我尤其要感谢恩师刘一达先生带我进入民间文学领域，并多年来给予言传与身教；我还要感谢宋艾君、杜剑峰、王升山老师的爱护和提携；感谢司建老师对我的理解与期望；感谢师兄弟们的多方关心。师友们的鼓励，使我不敢有些许懈怠。

《盛锡福皮帽》成书的过程是本人在北京市职工文学艺术促进会和劳动午报社两个任职阶段接续完成的，也是对盛锡福“李金善皮帽技艺传承创新工作室”的一次延展性的总结。要特别感谢北京市总工会、劳动午报社的各位领导和同事们的支持与关怀。

由于水平所限，本书难免有遗漏和不当之处，恳请各位专家、各位读者给予批评指正！

最后，借用央视著名主持人康辉在《平均分》里的话：“若论起天分，我便是那平凡中不能再平凡的一个……也只有努力地去试每一个选项，在每一个选项上都能及格，在及格之上再努力……才能给自己拿到一个高一点的平均分。”请允许我把这本书献给我的各位家人，尤其是刚满5岁的儿子——李宸翰——我最可爱的“打分人”。

李　睦

2020 年 11 月 27 日